U0173926

北京关岳庙结构检测与保护研究

张　涛　著

學苑出版社

图书在版编目（CIP）数据

北京关岳庙结构检测与保护研究 / 张涛著 . — 北京 ：学苑出版社，2020.10

ISBN 978-7-5077-6002-6

Ⅰ. ①北… Ⅱ. ①张… Ⅲ. ①寺庙—宗教建筑—建筑结构—检测—北京②寺庙—宗教建筑—保护—研究—北京 Ⅳ. ① TU252

中国版本图书馆 CIP 数据核字（2020）第 171511 号

责任编辑：周 鼎 魏 桦
出版发行：学苑出版社
社 址：北京市丰台区南方庄 2 号院 1 号楼
邮政编码：100079
网 址：www.book001.com
电子信箱：xueyuanpress@163.com
联系电话：010-67601101（营销部）、010-67603091（总编室）
印 刷 厂：英格拉姆印刷(固安)有限公司
开本尺寸：889×1194 1/16
印 张：10.75
字 数：166 千字
版 次：2020 年 11 月第 1 版
印 次：2020 年 11 月第 1 次印刷
定 价：300.00 元

目录

第一章　关岳庙概况

1. 历史沿革

关岳庙坐落于北京市西城区鼓楼西大街 149 号。东邻钟鼓楼，西北邻德胜门箭楼，北靠北二环，南面一路之隔便是什刹海的后海和原国家名誉主席宋庆龄同志的故居。

此处关岳庙最早为道光第七子醇贤亲王奕譞的家庙。清光绪十六年（1890年）十一月二十日奕譞逝世，同年十二月二十六日光绪帝发布上谕决定为其生父奕譞（醇亲王）立祠修墓，清光绪十七年（1891 年）开始兴建，至光绪二十五年（1898 年）建成，历时八年。据清朝内阁黄册中户部银库记载，工程共耗资白银五十八万五千四百余两。但醇亲王一直没有入祀。

1914 年北洋政府在后寝祠殿塑关羽、岳飞像，并祀关岳，改称关岳庙。1939 年 3 月 23 日，日伪“华北临时政府”在此恢复武成王庙，简称武庙，大殿改称武成殿，关岳殿改为武德堂。1940 年进行再次修葺。堂内东、北、西三面墙壁上原嵌有配享和从祀武成王的历代约 80 位名将传赞石刻，石刻为 95 厘米 ×38 厘米的长方形，每块石刻上书刻传赞二名，顺次排列。参加书写的人员均为清末探花俞陛云、会元陆增炜、进士赵椿年等名家。目前，殿内除神龛上存有解放初期供奉的三尊佛像外，早年的石刻已不复存在。

1949 年，中华人民共和国成立后，这里曾是国家民委交际处（接待处）所在地，1953 年经国务院批准作为达赖办事处，周恩来总理曾亲自过问该院落的设计安排，达赖本人也使用过此地，现仍保存有关文物。达赖出逃后仍由国家民委继续使用。1963 年 9 月（除大殿于 20 世纪 90 年代移交外），整个大院移交西藏驻北京办事处使用至现在。1984 年 5 月北京市人民政府将关岳庙列入北京市重点文物保护单位。1987 年被列为划定保护范围及建设控制地带，保护范围东、西、北至现状围墙，南至鼓楼西大街规划红线。

2001年，经北京市文物局批准，报自治区政府及区文物局同意对关岳庙进行修缮。并于2002年3月动工，2003年10月竣工，历时一年半左右时间。修缮经费由自治区拨款800万元，北京市无偿援助400万元，办事处自筹资金150万元共1350万元，修缮面积达3017平方米。2006年5月，被国务院公布为全国重点文物保护单位。

2. 建筑形制

关岳庙坐北朝南，三进院落，其中一进院又有东西跨院，大院南北长253米，东

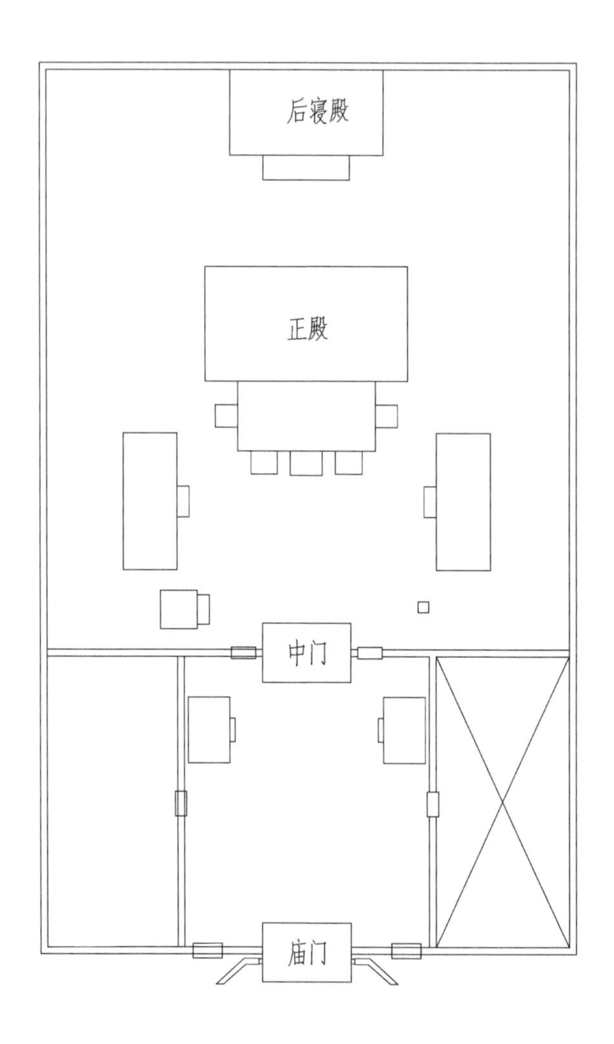

关岳庙平面测绘图

西宽 101 米，占地 2.6 万平方米（约 41 亩），建筑面积 7815 平方米。

2.1 影壁

位于现大门之后，庙门之前。影壁为一字琉璃影壁，采用庑殿顶调大脊黄琉璃瓦绿剪边屋面形式，大脊两端有正吻，戗脊上有戗兽及仙人引三小兽，檐下装饰有七踩单翘单昂琉璃斗拱，共有四十四攒，檐角处还装饰有琉璃套兽。影壁心为红泥浆涂抹，采用中心四岔角琉璃雕花装饰，图案为莲花。影壁基座采用白石质地须弥座形式，束腰处雕刻有莲花作为装饰。

影壁南立面

2.2 庙门

位于一字琉璃影壁之后。庙门面阔三间，歇山顶形式，采用调大脊黄琉璃瓦绿剪边屋面，大脊两端有正吻，垂脊有垂兽，戗脊有仙人引五小兽，山面有铃铛排山。庙门檐下共有两层椽子，上层方椽头装饰有“万字”彩绘，下层圆椽头装饰有宝珠彩绘。庙门采用三踩单翘单昂斗拱，明间共有七攒，两侧次间各有五攒，各斗拱之间的拱垫板装饰有火焰宝珠彩绘。庙门额枋采用墨线大点金旋子彩绘，为龙锦枋心，其中明间

庙门南立面

为金龙枋心，次间为锦枋心。庙门明间装修采用夹门窗形式，门上装饰有横批窗，均为灯笼锦棂心；次间装修采用灯笼锦棂心槛窗，上为灯笼锦横批窗。庙门墙体均采用丝缝砌法。庙门前有三连垂带踏跺九级，其中两侧次间前已改为礓䃰。庙门两侧为“一封书”撇山影壁，采用庑殿顶调大脊黄琉璃瓦绿剪边屋面形式，大脊两端有正吻，戗脊上有戗兽及仙人引一小兽，影壁心为红泥浆涂抹，采用中心四岔角琉璃雕花装饰，图案为莲花。庙门正面前两侧各有龙首石碑一座，为民国遗物，碑身正面雕刻有碑文。庙门背立面采用灯笼锦棂心槛窗，上为灯笼锦横批窗。庙门后有三并垂带踏跺六级。庙门两侧各有旁门一座。歇山顶琉璃门形式，屋面采用调大脊黄琉璃瓦绿剪边形式，大脊两端有正吻，垂脊有垂兽，戗脊上有戗兽及仙人引三小兽，檐下装饰有七踩单翘单昂琉璃斗拱，共有十四攒，檐角处还装饰有套兽。门板为红色，中槛处装饰有梅花门簪四个，金线包边。两侧为红泥浆涂抹，装饰有中心四岔角琉璃雕花，图案为莲花；下端采用白石质地须弥座形式，束腰处雕刻有莲花作为装饰。

2.3 前殿

位于庙门之后。前殿面阔三间，歇山顶形式，采用调大脊黄琉璃瓦绿剪边屋面，大脊两端有正吻，垂脊有垂兽，戗脊有仙人引五小兽。前殿檐下共有两层椽子，上层方椽头装饰有“万字”彩绘，下层圆椽头装饰有宝珠彩绘。前殿采用三踩单翘单昂斗拱，明间共有七攒，两侧次间各有六攒，各斗拱之间的拱垫板装饰有火焰宝珠彩绘。前殿额枋采用墨线大点金旋子彩绘，为龙锦枋心，其中明间为金龙枋心，次间为锦枋心。前殿明间装修采用夹门窗形式，门上装饰有横批窗，均为灯笼锦棂心；次间装修采用灯笼锦棂心槛窗，上为灯笼锦横批窗。前殿墙体均采用丝缝砌法，山面有铃铛排山。前殿前有三并垂带踏跺六级。前殿正面两侧各有铜缸一口。前殿背立面采用灯笼锦棂心槛窗，上为灯笼锦横批窗。前殿后有三并垂带踏跺六级。前殿两侧各有旁门一座。歇山顶琉璃门形式，屋面采用调大脊黄琉璃瓦绿剪边形式，大脊两端有正吻，垂脊有垂兽，戗脊上有戗兽及仙人引二小兽。门板为红色，中槛处装饰有梅花门簪四个，金线包边。两侧为红泥浆涂抹，下端采用白石质地基座。

殿前两侧有东、西配殿各三间，硬山顶形式，采用调大脊黄琉璃瓦绿剪边屋面，大脊两端有正吻，垂脊有垂兽及仙人引五小兽。配殿檐下共有两层椽子，均为方椽，上层椽头装饰有“万字”彩绘。下层椽头装饰有“龙眼”彩绘。东西配殿檐檩及额枋装饰有墨线大点金旋子彩绘，为龙锦枋心，其中明间为金龙枋心，次间为锦枋心。配殿明间装修采用夹门窗形式，门上装饰有亮子窗，均为灯笼锦棂心；次间装修采用灯笼锦棂心槛窗。配殿墙体均采用丝缝砌法，山面有铃铛排山。配殿前有垂带踏跺三级。

2.4 正殿

位于前殿之后。正殿面阔七间，进深三间，重檐歇山顶形式，调大脊黄琉璃瓦绿剪边屋面，大脊两端有正吻，上层檐垂脊有垂兽，戗脊有戗兽及仙人引七小兽，下层檐戗脊有戗兽及仙人引七小兽。正殿上下两层檐下均有两层椽子，上层方椽头装饰有“万字”彩绘，下层圆椽头装饰有宝珠彩绘，檐角处还装饰有套兽。正殿上层檐采用七踩单翘重昂斗拱，下层檐采用五踩单翘重昂斗拱，明间上下两层檐均有斗拱七攒，次间与梢间均为五攒，同时各斗拱间的拱垫板处均装饰有方孔圆钱图案彩绘。正殿大小额枋处均装饰有墨线大点金和玺彩绘，正殿上层檐明间额枋为金龙枋心，藻头为降龙；次间额枋为金龙枋心，藻头为升龙；梢间额枋为金龙枋心，藻头为降龙；尽间额枋为金龙枋心，藻头为升龙；正殿下层檐明间大额枋为金龙枋心，藻头为降龙，小额枋为金龙枋心，藻头为升龙；次间大额枋为金龙枋心，藻头为升龙，下额枋为金龙枋心，藻头为降龙；梢间大额枋为金龙枋心，藻头为降龙，小额枋为金龙枋心，藻头为升龙；尽间大额枋为金龙枋心，藻头为降龙，小额枋为金龙枋心，藻头为升龙；箍头彩绘均为蟠龙图案。正殿明次间装修为五抹三交六碗菱花棂心槅扇门四扇，门上各抹及门框均包金；梢尽间装修为三抹三交六碗菱花棂心槛窗四扇，窗上各抹及窗框均包金。大殿墙体采用丝缝砌法，山面有铃铛排山。正殿前出月台，地面采用方砖铺墁，明间与梢间位置前出踏跺十二级，由条石铺墁，踏跺两侧装饰有汉白玉栏杆，栏杆前部装饰有抱鼓，采用龙凤纹雕刻柱头，月台两侧各出踏跺十一级，由条石铺墁，踏跺两侧装饰有汉白玉栏杆，栏杆前部装饰有抱鼓，采用龙凤纹雕刻柱头，月台上陈设有铜缸两口及石供一座。月台下端采用须弥座形式，束腰处装饰有莲花图案装饰。正殿内装饰有蟠龙藻井天花，屋内梁架均装饰有墨线大点金龙和玺彩绘，为金龙枋心，藻头为升龙或降龙交替出现。正殿内后檐金柱处明次间装饰有五抹三交六碗菱花棂心槅扇门四扇，上层装饰有三交六碗菱花棂心横批窗，其中在位于明间的位置悬挂有藏文书写的匾额。正殿内两侧各悬挂有寓意西藏和平图案吊灯两盏，为周恩来总理赠送。正殿内采用方砖墁地，圆鼓镜式柱础。现该正殿作为报告厅使用。

正殿前有东、西配殿各五间，前出廊，歇山顶形式，采用调大脊黄琉璃瓦绿剪边

正殿南立面

屋面，大脊两端有正吻，垂脊有垂兽及仙人引五小兽，角檐处有套兽。东配殿檐下共有两层椽子，上层方椽头装饰有“万字”彩绘。下层圆椽头装饰有“宝珠”彩绘。配殿檐下采用一斗两升交麻叶斗拱形式，东配殿额枋装饰有墨线大点金旋子彩绘，为龙锦枋心，其中明间为金龙枋心，次间为锦枋心，配殿廊柱间装饰有雀替。配殿明间装修采用夹门窗形式，门上装饰有横批窗，其中门为三交六碗菱花棂心，其余均为灯笼锦棂心；次间及梢间装修采用灯笼锦棂心槛窗，上部装饰有灯笼锦棂心横批窗。配殿墙体均采用丝缝砌法，山面有铃铛排山。配殿明间前有垂带踏跺六级。

东配殿南侧有焚帛炉一座，通体采用琉璃砌筑，歇山顶形式，调大脊黄琉璃瓦绿剪边屋面，大脊两端有正吻，垂脊有垂兽，戗脊有戗兽。檐下用琉璃作两层方椽，下为琉璃制七踩单翘单昂斗拱。焚帛炉正面为三间，明间为进帛口，次间为琉璃制四抹三交六碗菱花隔扇；焚帛炉侧面及背面共有琉璃制抹抹三交六碗菱花隔扇四扇。焚帛炉基座采用须弥座形式，束腰部分装饰有精美的琉璃雕花。

西配殿南侧有鼓亭一座。鼓亭平面呈方形，歇山顶形式，调大脊黄琉璃瓦绿剪边屋面，大脊两端有正吻，垂脊有垂兽，戗脊有戗兽及仙人引五小兽。鼓亭檐下共有两层椽子，上层方椽头装饰有“万字”彩绘，下层圆椽头装饰有宝珠彩绘。鼓亭采用三踩单翘单昂斗拱，各斗拱之间的拱垫板装饰有火焰宝珠彩绘。鼓亭额枋采用墨线大点金旋子彩绘，为龙锦枋心。鼓亭正立面装修采用夹门窗形式，门上装饰有横批窗，均为三交六碗菱花棂心；两侧及背立面装修采用三交六碗菱花槛窗，上为三交六碗菱花横批窗。鼓亭墙体均采用丝缝砌法，山面有铃铛排山。鼓亭前有垂带踏跺六级。

2.5 后寝殿

位于大殿后面。后寝殿面阔五间，歇山顶形式，屋面采用黄琉璃瓦绿剪边调大脊形式，大脊两端有正吻，垂脊有垂兽，戗脊有戗兽与仙人引五小兽，角檐处有套兽。后寝殿檐下共有两层椽子，上层方椽头装饰有“万字”彩绘，下层圆椽头装饰有宝珠彩绘。后寝殿采用五踩重昂斗拱，明间共有七攒，两侧次间及梢间各有六攒，各斗拱之间的拱垫板装饰有火焰宝珠彩绘。后寝殿额枋采用墨线大点金和玺彩绘，明间大额枋为金龙枋心，藻头为降龙，小额枋为金龙枋心，藻头为升龙；次间大额枋为金龙枋心，藻头为升龙，下额枋为金龙枋心，藻头为降龙；梢间大额枋为金龙枋心，藻头为降龙，小额枋为金龙枋心，藻头为升龙；箍头彩绘均为蟠龙图

后寝殿南立面

案。后寝殿明间及次间装修为五抹三交六碗菱花棂心槅扇门四扇，门上各抹及门框均包金；梢间装修为三交六碗菱花棂心槛窗六扇，窗上有三交六碗菱花棂心横批窗。后寝殿墙体均采用丝缝砌法，山面有铃铛排山。后寝殿后有三并垂带踏跺十级。后寝殿前两侧各有铜缸一口。

2.6 东跨院

东跨院位于一进院东侧，建有神库、神厨、宰牲亭。

神库：位于东跨院北侧。神库面阔五间，悬山顶形式，调大脊黄琉璃瓦绿剪边屋面，大脊两端有正吻，垂脊有垂兽与仙人引五小兽。神库檐下共有两层椽子，上层方椽头装饰有“万字”彩绘，下层圆椽头装饰有宝珠彩绘。神库额枋装饰有墨线大点金旋子彩绘，为龙锦枋心，其中明间为金龙枋心，次间为锦枋心，梢间为金龙枋心。神库明间装修采用夹门窗形式，大门上有走马板，中槛装饰有梅花门簪四个，金线包边，两侧为套方灯笼锦棂心槛窗；次间及梢间装修均为套方灯笼锦棂心槛窗。神库墙体采用丝缝砌法，山面有铃铛排山，采用五花山墙形式。神库明间前有垂带踏跺四级。

神厨：位于东跨院东侧。神厨面阔五间，悬山顶形式，调大脊黄琉璃瓦绿剪边屋面，大脊两端有正吻，垂脊有垂兽与仙人引五小兽。神厨檐下共有两层椽子，上层方椽头装饰有“万字”彩绘，下层圆椽头装饰有宝珠彩绘。神库额枋装饰有墨线大点金旋子彩绘，为龙锦枋心，其中明间为金龙枋心，次间为锦枋心，梢间为金龙枋心。神厨明间装修为四抹槅扇门四扇，门上装饰有横批窗，均为灯笼锦棂心；次间及梢间装修为套方灯笼锦棂心槛窗；各间均装饰有套方灯笼锦横批窗。神厨墙体采用丝缝砌法，山面有铃铛排山，采用五花山墙形式。神厨明间前有垂带踏跺四级。

宰牲亭：位于东跨院神厨南侧。宰牲亭面阔三间，其中上层为一间，下层为三间，重檐歇山顶形式，调大脊黄琉璃瓦绿剪边屋面，大脊两端有正吻，上层檐垂脊有垂兽，戗脊有戗兽及仙人引五小兽，下层檐戗脊有戗兽及仙人引五小兽。宰牲亭上下两层檐下均有两层椽子，上层方椽头装饰有“万字”彩绘，下层圆椽头子装饰有宝珠彩绘。檐角处还装饰有套兽，宰牲亭采用了一斗三升的斗拱形式。宰牲亭额枋处均装饰有墨线大点金旋子彩绘，其中上层檐额枋为金龙枋心；下层檐明间额枋为金龙枋心，次间额枋为锦枋心。宰牲亭明间装修为五抹三交六碗菱花槅扇门四扇，次间为三抹三交六碗槛窗格四扇，宰牲亭两侧山面各有三抹三交六碗槛窗四扇。此外，宰牲亭背立面一层出第三重檐，屋面为黄琉璃瓦绿剪边。宰牲亭明间前出垂带踏跺四级。宰牲亭正面北次间前有游廊三间，黄琉璃瓦绿剪边屋面，廊柱为方柱，柱间均装饰有步步锦倒挂楣子与花牙。游廊明间前后各出垂带踏跺四级。

2.7 西跨院

西跨院位于一进院西侧，南北并列两座一进院落。

北院坐西朝东，上房五间，过垄脊灰筒瓦屋面带披水，原为前出廊，现改为明、次间吞廊。檐下两层方椽，上层椽头装饰有“万字”彩绘，下层椽头装饰有栀花彩绘。前檐及廊部抱头梁、随梁枋均绘有墨线旋子彩画，一字枋心。廊柱为红色圆柱，鼓颈式柱础。前檐装修均为新做，明间为隔扇风门，次、稍间均为玻璃窗，明、次间其上置三横披。明间前出如意踏跺三级。山面带铃铛排山，墙体上身丝缝下碱干摆砌法，砖石台基。

南北厢房各三间，过垄脊灰筒瓦屋面带披水，檐下两层方椽，上层椽头装饰有“万字”彩绘，下层椽头装饰有栀花彩绘。檐下绘有墨线旋子彩画，一字枋心。前檐装修均为新做，明间为夹门窗，次间为玻璃窗。明间前出踏跺一级。山面带铃铛排山，墙体上身丝缝下碱干摆砌法，砖石台基。

南院形制同北院。

关岳庙内地面多采用方砖十字缝铺墁，其中中路庙门与前殿之间采用御路形式，御路中间为御路石铺墁，两侧散水采用方砖十字缝铺墁；前殿与大殿之间采用中间为御路石铺墁，两侧散水采用城砖陡板十字缝形式；大殿与后寝殿之间采用中间为御路石铺墁，两侧散水采用城砖陡板斜墁形式。

3. 价值评估

关岳庙据传原为一座王府，清朝末年光绪为其生父醇亲王所建立的祠堂。醇亲王祠建好后，并没有将醇亲王入祀，一直闲置。辛亥革命后北洋政府在后寝祠殿塑关羽、岳飞像，并祀关岳，改称关岳庙。在新中国成立后，关岳庙又做为达赖在京的驻地。关岳庙的变迁反映了清朝末年至今时代的变化，提供了大量的史料，具有丰富的历史价值。

关岳庙位于北京内城的北侧，保存有三进院落，及东西跨院。主要建筑集中排列在中轴线上，附属建筑分列左右对称，主次分明，整齐严谨，宏伟壮观，各主要建筑均保存完好，祠内还保存有神厨、神库、宰牲亭等祭祀附属建筑，更是十分珍贵。关岳庙是北京存数不多的祠堂建筑，更因其是为光绪帝生父所建，整个建筑群形制等级较高。为研究清代的皇室祭祀礼仪建筑提供了宝贵的材料。

在新中国建立后，关岳庙曾经作为达赖喇嘛驻京办事处，后又为西藏驻京办事处使用。对我国的民族团结，国家统一发挥了积极作用。

第二章　检测鉴定方案

关岳庙，全国重点文物保护单位，清代寺庙古建筑。位于北京市西城区鼓楼西大街北侧。原为清醇亲王宅地依例改建的醇亲王庙，1914 年改祀关羽、岳飞，遂称关岳庙，又称武庙。坐北朝南两进院落。前院有宰牲亭、神库、神厨，后院有正殿、后寝殿及东西庑殿。均用黄琉璃绿剪边瓦色。正殿重檐歇山顶，殿前月台宽敞，为晚清上乘建筑。此次拟对中轴线庙门、中门、正殿、后寝祠四处主要建筑的进行结构稳定性检测及鉴定。

项目目标

（1）摸清文物建筑的结构安全现状和风险状况；

（2）建立文物建筑的病害记录，完善文物档案；

（3）运用成熟可靠的新型检测技术实现无损检测。

方案原则

（1）针对性原则，针对不同文物建筑结构特征、保存现状和主要病害情况，制定针对性检测方案；

（2）适度性原则，选用最优的检测方案，即不过度检测，又不忽略结构风险关键因素；

（3）最佳费效比原则，充分考虑费效比，争取最少的投入，达到最理想的结果，使得有限的投入可以惠及更多的文物；

（4）最小干预原则，采用的检测技术除了考虑检测效果，还必须考虑对文物的干扰最小，做到无损或微损；

（5）长效性原则，定期的检测与长期的实时监测相结合，不同风险等级病害采用不同的应对措施，逐渐建立全区文物安全的全面、实时监测及评估体系；

（6）科学性原则，针对文物本体特点和安全监督、监测的需要，采用符合当前发展趋势的先进技术，并充分考虑技术的成熟性，建立安全文物安全监测及预防机制，确保科学有效。

主要工作内容

根据要求，对主要工作内容如下：

（1）文物建筑测绘现状勘查与测绘；

（2）文物建筑地基基础检测；

（3）文物建筑上部承重结构的检测；

（4）文物建筑损伤状况的检测；

（5）文物建筑结构安全性的计算分析与风险评估；

（6）对存在的问题提出修缮建议。

1. 检测内容

1.1 现状调查和资料收集

古建筑木结构现状调查包括资料收集、现状和环境检查等工作。

（1）资料收集主要包括建造年代、遭受灾害、历次维修情况、现有的图纸资料等。

（2）现状检查应从地基基础、上部承重结构、围护结构人手，检查包括结构体系、结构布置、基础下沉、结构构件变形与损伤、围护结构类型与损伤等。

1）结构布置、结构体系检查应包括结构竖向、水平承重构件布置，承重梁布置、竖向抗侧力构件的连续性，结构构件平面布置的规则性，围护结构类型与损伤等。

2）结构构件与构件连接检查包括节点连接形式、节点连接损伤等。

3）对古建筑木结构的荷载水平（重点是各层的建筑功能及楼、屋面的做法和重量）进行检查检测，为安全性评价提供可靠的技术参数。

（3）周围环境调查应包括地质环境、气候情况、所在区域地震烈度、周围是否有振动源等。

1.2 地基基础检测

本项目对地基基础的勘察检测，应包括下列内容：

（1）台基基础检测。对台基基础进行检测，确定石材表面风化、剥离、裂纹等情况，确认抱鼓石走闪、踏跺断裂走闪情况。

（2）地基基础无损检测。采用无损的探地雷达技术，探明地基基础存在的空洞、裂缝、松散和地道等隐患。

（3）地基基础变形及承载状况检测。对台基及上部结构因地基不均匀沉降而导致的裂缝、变形、柱础石之间高差等情况进行检测、登记、评估。

若检测中发现基础有裂缝、局部损坏或腐蚀现象，应查明其原因和程度。

1.3 上部承重结构

对上部承重结构的勘查

具体勘查内容包括以下部分：

（1）结构构件及其连接的尺寸；

（2）结构的整体变位和支承状况；

（3）木材的材质状况；

（4）承重构件的受力和变形状态；

（5）主要节点连接的工作状态；

（6）历代维修加固措施的现存内容及其目前工作状态。

1.4 对承重结构整体变位和支承情况的勘查

具体勘查内容包括以下部分：

（1）测算建筑物的荷载及其分布；

（2）实测承重结构的倾斜、位移、扭转及支承情况；

（3）检查支撑等承受水平荷载体系的构造及其残损情况。

1.5 对承重结构木材材质状态的勘查

具体勘查内容包括以下部分：

（1）测量木构件腐朽、虫蛀、变质等缺陷的部位、范围和程度；

（2）测量对构件受力有影响的木节、斜纹和干缩裂缝的部位和尺寸；

（3）当主要木构件需作修补或更换时宜鉴定其树种；

（4）对下列情况宜测定木材的强度等级：

1）需作加固验算，但树种较为特殊；

2）有过度变形或局部损坏，但原因不明；

3）拟继续使用火灾后残存的构件；

4）需研究木材老化变质的影响。

1.6 对承重构件受力状态的勘查

具体勘查内容包括以下部分：

（1）受弯构件

1）梁、枋跨度或悬挑长度、截面形状、拼接组合方式及尺寸、受力方式及支座情况；

2）梁、枋、垫板的挠度和侧向变形（扭闪）；

3）檩、椽、榈栅（楞木）的挠度和侧向变形；

4）檩条滚动情况；

5）悬挑结构的梁头下垂和梁尾翘起情况；

6）构件折断、劈裂或沿截面高度出现的受力皱褶和裂纹。

（2）受压构件

1）柱高、截面形状、拼接组合方式及尺寸、柱的两端固定情况；

2）柱身弯曲、折断或劈裂情况；

3）柱头位移；

4）柱脚与柱础的错位；

5）柱脚下陷。

（3）斗栱

1）构件及其连接的构造和尺寸；

2）整攒斗栱的变形和错动；

3）斗栱中各构件及其连接的残损情况。

1.7 对主要连接部位工作状态的勘查

具体勘查内容包括以下部分：

（1）梁、枋拔榫、榫头折断或卯口劈裂；

（2）榫头或卯口处的压缩变形；

（3）铁件锈蚀、变形或残缺。

1.8 对历代维修加固措施的勘查

具体勘查内容包括以下部分：

（1）受力状态

1）新出现的变形或位移；

2）原腐朽部分挖补后，重新出现的腐朽；

3）因维修加固不当，而对建筑物其他部位造成的不良影响。

1.9 围护系统

木结构古建筑的围护系统主要有自承重墙体、屋面及其他木构件等。自承重墙体主要有砖墙、土墙、毛石墙。屋面通常指椽条以上的部分。主要检测内容包括：

应包括墙体歪闪、下沉、倾斜、开裂以及墙体风化、酥碱、渗漏等的范围和程度。

（1）对于屋面瓦及木望板等屋面围护结构的检查与检测，应主要包括屋面瓦的裂损、松动、脱落和木望板的渗漏、腐朽、虫蛀、挠曲变形等的范围和程度。

（2）墙体歪闪、下沉、倾斜、开裂以及墙体风化、酥碱、渗漏等的范围和程度。

（3）屋面开裂、渗漏、歪闪、塌陷、腐朽等质量缺陷检测。

（4）其他木构件糟朽、缺失等质量缺陷检测。

1.10 木构件缺陷检测

木构件外观缺陷检测

对古建筑木构件外观缺陷的检测，主要是测量对构件受力有影响的木节、斜纹、扭纹和干缩裂缝的部位和尺寸。

（1）木节尺寸检测，按垂直于构件长度方向量测，直径小于10毫米的木节可不量测。

（2）斜纹检测，在方木两端各取1米材长量测3次，计算其平均倾斜高度，以最大倾斜高度作为斜纹检测值。

（3）扭纹检测，在原木小头取1米材长量测3次，计算其平均倾斜高度作为扭纹检测值。

（4）干缩裂缝检测，可用探针检测裂缝的深度，用裂缝塞尺和裂缝宽度仪检测裂缝的宽度，用钢尺量测裂缝的长度。

木构件外观损伤检测

对木构件外观损伤的检测，主要是测量木材表面腐朽、虫蛀、变质、渗漏、灾害影响以及构件折断、劈裂、受力裂缝的部位、范围和程度。

（1）表面腐朽检测，可用尺量测腐朽的范围，腐朽的深度可用除去腐朽层或钢针束嚓的方法量测。当发现木材有腐朽现象时，宜对木材的含水率、结构的通风设施、排水构造和防腐措施进行核查或检测。

（2）表面虫蛀检测，可根据构件附近是否有木屑等进行初步判定，可通过锤击的方法确定虫蛀的范围，可用电钻打孔用内窥镜或探针测定虫蛀的深度。当发现木结构构件出现虫蛀现象时，对构件的防虫措施进行检测。

木构件含水率检测

木材含水率检测可以通过便携式无损检测仪器电磁波式含水率测量仪对建筑木构件进行周期性检测。

电磁波式含水率测量仪利用电容式传感器的原理，由探头、变换器、电子板、模拟指示电表几部分构成。工作时将高频电磁波穿透木构件，通过材料吸湿后介电常数的变化率即可检出含水量，其数据经内部电路进行处理，结果用模拟数字表示出来。含水率量程为0%～100%，适用温度范围-10℃～40℃，精确率为1%。为了保证对各种材质的含水率测定予以补偿，仪器的表面上有0个～10个修正值，以保证对不同树种构件测定值的修正。

结构整体变位和支承情况

通过采用全站仪、吊锤法检测典型部位的檐柱、角柱或围护墙墙角的倾斜来判断结构是否发生整体倾斜、位移、扭转，对结构的整体沉降或不均匀沉降进行检测，可采用水准仪检测柱础平台上表面或其他形式基础面的相对高差的方法判断结构是否发生不均匀沉降。

对木结构支承情况的检查检测，包括承重柱与基础的连接形式和工作状态（柱根是否糟朽，与基础面的抵承情况等）、该建筑是否与周围建筑相连或是否有增层扩建等部分以及相互间的支承连接状态。柱础相对高差、柱倾斜、支承情况的抽样数量可区分不同类型的构件即檐柱、金柱进行油样检测。

承重构件和构架的受力和变形状态检测

通过全站仪、水准仪、拉线尺量，对木结构承重构件的受力和变形状态进行安全检测，包括受压构件、受弯构件、斗拱受力和变形的安全检测和木构架整体性检测。

（1）受压构件

检测承重柱受压构件的两端固定情况、柱脚与柱础的错位、柱头的位移、柱脚的下陷、柱身的侧向弯曲变形和折断或劈裂，重点检测木柱的垂直度。

由于存在向内收敛、层层抱攒的“侧脚”和脚大头小的“收分”设计技术，对整体结构安全和稳定性有利，检测中应注意柱头位移方向的判别以及木柱截面的变化。

（2）受弯构件

检测梁、朽、檩、椽、栩栅（楞木）等受弯构件的受力方式及支座情况、挠度和侧向扭闪变形，重点检测凛条的滚动情况、构件折断、劈裂或沿截面高度出现的受力褶皱和裂纹等变形损伤以及楼、屋盖局部塌陷的范围和程度。

（3）斗拱

检测斗拱的变形和错位情况以及斗拱中各构件及其连接的残损情况。

（4）木构架

检测木构架整体性，包括沿构架平面和垂直构架平面的整体倾斜和变形等。

主要节点和连接的工作状态检测

对木结构的主要节点和连接的工作状态的安全检测，主要包括梁、枋拔榫，榫头折断或卯口劈裂，榫头或卯口处的压缩变形，铁件锈蚀、变形或残缺等内容。

2. 主要检测仪器

主要检测仪器一览表

序号	机械或设备名称	数量
1	激光测距仪	2
2	电子全站仪	1
3	扫平仪	1
4	木材含水率仪	1
5	木材微钻阻力仪	1
6	光学水准仪	1
7	ZOND-12 地质雷达	1
8	砖质回弹仪	1

续表

序号	机械或设备名称	数量
9	超声波检测仪	1
10	裂缝综合检测仪	1
11	结构振动信号采集仪	1
12	内装IC压电加速度传感器	5
13	红外热像仪	1
14	数码相机	2

3. 结构安全鉴定评估

3.1 结构安全评估基本原则

古建筑安全性鉴定评估项目分为构件、子单元、鉴定单元。具体原则如下：

（1）根据构件各项目检查结果，确定单个构件安全性等级。

（2）根据子单元各项目检查结果及各种构件的安全性等级，确定子单元安全性等级。

（3）根据各子单元的安全性等级，确定鉴定单元安全性等级。

等级划分及要求见下表：

<table>
<tr><th>项目</th><th>构件</th><th colspan="2">子单元</th><th>鉴定单元</th></tr>
<tr><td>等级</td><td>a_u、b_u、c_u、d_u</td><td colspan="2">A_u、B_u、C_u、D_u</td><td>A_{su}、B_{su}、C_{su}、D_{su}</td></tr>
<tr><td rowspan="2">地基基础</td><td>—</td><td>按地基变形或承载力、地基稳定性（斜坡）等检查项目确定地基等级</td><td rowspan="2">地基基础等级确定</td><td rowspan="5">鉴定单元安全性等级判定</td></tr>
<tr><td>按同类材料构件的各检查项目确定单个基础等级</td><td>每类基础等级确定</td></tr>
<tr><td rowspan="2">上部承重结构</td><td>按承载力、构造、不适于继续承载的位移和残损等检查项目确定单个构件等级</td><td>每类构件等级确定</td><td rowspan="2">上部承重结构等级确定</td></tr>
<tr><td>—</td><td>按整体倾斜、局部倾斜、构件间的联系、梁柱间的联系（包括柱、枋间，柱、檩间的联系）、榫卯完好程度确定结构整体性等级。</td></tr>
<tr><td>围护系统</td><td colspan="2">按围护系统检查项目及步骤确定围护系统承重部分各层次安全性等级</td><td>围护系统等级确定</td></tr>
</table>

3.2 结构安全等级评估

构件安全等级评估

木构件的安全性等级判定，应按承载能力、构造、不适于继续承载的位移（或变形）和裂缝以及腐朽、虫蛀、天然缺陷、历次加固现状等检查项目，分别判定每一受检构件的等级，并取其中最低一级作为该构件的安全性等级。

当木构件及其连接的安全性按承载能力判定时，应按下表的规定，分别判定每一验算项目的等级，并取其中最低一级作为构件承载能力的安全性等级。

木构件及其连接承载能力等级的判定表

构件分类	$R/\gamma_0 S$			
	a_u 级	b_u 级	c_u 级	d_u 级
主要构件及连接	≥ 1.0	≥ 0.95	≥ 0.90	< 0.90
一般构件	≥ 1.0	≥ 0.90	≥ 0.85	< 0.85

注 1：表中 R 和 S 分别为结构构件的抗力和作用效应；γ_0 为结构重要性系数，世界文化遗产地及全国重点文物保护单位的建筑取 1.1，其他建筑取 1.0。

验算古建筑木结构时，其木材设计强度和弹性模量应符合下列规定：

（1）按现行国家标准 GB50005 的规定采用，并乘以结构重要性系数 0.9；有特殊要求者另定。

（2）对外观已显著变形或木质已老化的构件，尚应乘以下表考虑长期作用和木质老化影响的调整系数。

（3）对仅以恒载作用验算的构件，尚应乘以 GB50005 中规定的调整系数。

考虑长期荷载作用和木质老化的调整系数表

建筑物修建距今的时间（年）	调整系数		
	顺纹抗压设计强度	抗弯和顺纹抗剪设计强度	弹性模量和横纹承压设计强度
100	0.95	0.9	0.9
300	0.85	0.8	0.85
≥ 300	0.75	0.7	0.75

当木构件的安全性按构造判定时，应按下表的规定判定检查项目的等级。

木构件构造的安全性判定表

检查项目	a_u 级或 b_u 级	c_u 级或 d_u 级
连接或节点	连接、构造及榫卯现状完好，榫卯无严重松动，构造符合国家现行设计规范要求，无缺陷，或仅有局部表面缺陷，通风良好，工作无异常	无拉结，榫头拔出卯口的长度超过榫头长度的 2/5，构造有严重缺陷，已导致连接松弛变形、滑移、沿剪面开裂或其他损坏

注 1：判定结果取 a_u 级或 b_u 级，可根据其完好程度确定；判定结果取 c_u 级或 d_u 级，可根据其实际严重程度确定。

注 2：构件支承长度检查结果不参加判定，但若有问题，应在鉴定报告中说明，并提出处理建议。

当木构件的安全性按不适于继续承载的位移（或变形）判定时，应按下表的规定判定检查项目的等级。

木构件不适于继续承载的位移（或变形）的判定表

检查项目		c_u 级或 d_u 级
最大挠度 ω_1 或 ω_1'	木梁、枋	当 $h/L > 1/14$ 时，$\omega_1 > L^2/2100h$
		当 $h/L \leqslant 1/14$ 时，$\omega_1 > L/150$
		对 300 年以上梁、枋，若无其他残损，可按 $\omega_1' > \omega_1 + h/50$ 判定
	檩条	当 $L \leqslant 3$ 米时，$\omega_1 > L/100$
		当 $L > 3$ 米时，$\omega_1 > L/120$
		多数檩条挠度较大而导致漏雨
	椽条	>椽跨的 1/100，并已引起屋面明显变形
	楞木	$\omega_1 > L/180$，或体感颤动严重
	翼角、檐头、由戗	已明显下垂
侧向弯曲变形 ω_2	柱或其他受压构件	$\omega_2 > L_0/250$
	木梁、枋	$\omega_2 > L/200$
	楞木	$\omega_2 > L/200$
柱脚与柱础抵承状况	柱脚底面与柱础间实际抵承面积与柱脚处柱的原截面面积之比小于 3/5	
	若柱子为偏心受压构件，尚应确定实际抵承面中心对柱轴线的偏心距及其对原偏心距的影响，按偏心验算不合格。	
柱础错位	柱与柱础之间错位量与柱径（或柱截面）沿错位方向的尺寸之比大于 1/6	
木纹横向压缩	斗栱	大斗明显压扁

注 1：表中 L 为梁、枋、檩条、楞木计算跨度；L_0 为柱的无支长度；h 为截面高度。

注 2：判定结果取 c_u 级或 d_u 级，可根据其实际严重程度确定。

当木构件的安全性按裂缝检测结果判定时，应按下表的规定判定检查项目的等级。

木构件裂缝等级判定表

检查项目		c_u 级或 d_u 级
裂缝	木柱	有断裂、劈裂或压皱迹象出现
	木梁、枋	跨中断纹开裂，有裂纹，或未见裂纹，但梁的上表面有压皱迹象
		梁端劈裂（不包括干缩裂缝）有受力或过度挠度引起的端裂或斜裂
		非原有的锯口、开槽或钻孔按剩余截面验算不合格
	榫卯	已劈裂或断裂
	瓜柱、角背、驼峰	有劈裂
	翼角、檐头、由戗	已劈裂或折断

当木构件的安全性按腐朽判定时，应符合下列规定：

（1）一般情况下，应按下表的规定判定检查项目的等级。

（2）当封入墙体内的木结构或其连接已受潮时，即使木材尚未腐朽，也应直接定为 c_u 级。

木构件腐朽等级的判定表

检查项目		c_u 级或 d_u 级
腐朽	木柱	当仅有表层腐朽和老化变质时，$\rho > 1/5$ 或按剩余截面验算不合格
		当仅有心腐时，$\rho > 1/7$ 或按剩余截面验算不合格
		同时存在心腐、表层腐朽和老化
	木梁、枋、檩、楼盖梁、楞木	当仅有表层腐朽和老化变质时，对梁身 $\rho > 1/8$ 或按剩余截面验算不合格
		端部（支承范围内）有表层腐朽和老化变质时
		存在心腐
	椽条	已成片腐朽
	瓜柱、角背、驼峰	有腐朽
	翼角、檐头、由戗	有腐朽
	楼板	已不能起加强楼盖水平刚度作用

注：表中 ρ 为在任一截面上，腐朽和老化变质（两者合计）所占面积与整截面面积之比。

当木构件有虫蛀孔洞，或未见孔洞，但敲击有空鼓音，应直接判定为 c_u 级或 d_u 级。

当木构件的安全性按木材天然缺陷判定时，在木构件的关键受力部位存在木节、扭（斜）纹或干缩裂缝的大小中任一缺陷超出下表的限值且有其他残损时，应直接判定为 c_u 级或 d_u 级。

木构件木材天然缺陷的判定表

项次	缺陷名称		原木材强度等级		方木材强度等级	
			一等材	二等材	一等材	二等材
			受弯构件或压弯构件	受压构件或次要受弯构件	受弯构件或压弯构件	受压构件或次要受弯构件
1	木节	在构件任一面（或沿周长）任何150毫米长度所有木节尺寸的总和不得大于所在面宽（所在部位原木周长）的	2/5	2/3	1/3	2/5
		每个木节的最大尺寸不得大于所测部位原木周长的	1/5	1/4	—	—
2	斜纹，任何1米材长上平均倾斜高度不得大于		80毫米	120毫米	50毫米	80毫米
3	干缩裂缝	在连接的受剪面上	不允许	不允许	不允许	不允许
		在连接部位的受剪面附近，其裂缝深度（有对面裂缝时用两者之和）不得大于	直径的1/4	直径的1/2	材宽的1/4	材宽的1/3
4	生长轮（年轮）其平均宽度不得大于		4毫米	4毫米	4毫米	4毫米

注1：供制作斗栱的木材，不得有木节和裂缝。

注2：古建筑用材不允许有死节（包括松软节和腐朽节）。

注3：古木节尺寸按垂直于构件长度方向测量。木节表现为条状时，在条状的一面不量，直径小于10毫米的活节不量。

木构件的安全性按历次加固判定时，应按下表的规定判定检查项目的等级。

木构件历次加固等级的判定表

检查项目		c_u 级或 d_u 级
历次加固	木柱	柱身有新的变形或变位，或榫卯已开裂，或铁箍已松动
		原灌浆浆体与木材黏结状况不良，浆体干缩，敲击有空鼓音；柱身有明显的压皱或变形现象
		原挖补部位已松动，或又发生新的腐朽
	木梁、枋	原拼接已变形或螺栓已松动
		原灌浆浆体干缩，敲击有空鼓音，或梁身挠度增大

子单元安全等级评估

（1）地基基础

当地基的安全性按地基变形（建筑物沉降）观测资料或其上部结构反应的检查结果判定时，应按下列规定判定：

1）A_u 级　建筑物无沉降裂缝、变形或位移；

2）B_u 级　建筑物上部结构砌体部分虽有轻微裂缝，但无发展迹象；

3）C_u 级　建筑物上部结构砌体部分出现宽度大于 5 毫米的沉降裂缝；

4）D_u 级　建筑物上部结构的沉降裂缝发展明显，砌体的裂缝宽度大于 10 毫米。

（2）上部承重结构

当判定一种主要构件的安全性等级时，应根据其每一受检构件的判定结果，按下表的规定判定。

主要构件安全性等级的判定表

等级	多层古建筑	单层古建筑
A_u	在该种构件中，不含 c_u 级和 d_u 级，可含 b_u 级，但一个子单元含 b_u 级的楼层数不多于$\sqrt{m}/m\%$，每一楼层的 b_u 级含量不多于 25%，且任一轴线（或任一跨）上的 b_u 级含量不多于该轴线（或该跨）构件数的 1/3	在该种构件中不含 c_u 级和 d_u 级，可含 b_u 级，但一个子单元的含量不多于 30%，且任一轴线（或任一跨）的 b_u 级含量不多于该轴线（或该跨）构件数的 1/3
B_u	在该种构件中，不含 d_u 级，可含 c_u 级，但一个子单元含 c_u 级的楼层数不多于$\sqrt{m}/m\%$，每一楼层的 c_u 级含量不多于 15%，且任一轴线（或任一跨）上的 c_u 级含量不多于该轴线（或该跨）构件数的 1/3	在该种构件中不含 d_u 级可含 c_u 级，但一个子单元的含量不多于 20% 且任一轴线（或任一跨）上的 c_u 级含量不多于该轴线（或该跨）构件数的 1/3
C_u	在该种构件中，可含 d_u 级，但一个子单元含有 d_u 级楼层数不多于$\sqrt{m}/m\%$，每一楼层的 d_u 级含量不多于 5%，且任一轴线（或任一跨）上的 d_u 级含量不多 1 个	在该种构件中可含 d_u 级（单跨及双跨房屋除外），但一个子单元的含量不多于 7.5%，且任一轴线（或任一跨）上的 d_u 级含量不多于 1 个
D_u	在该种构件中，d_u 级的含量或其分布多于 C_u 级的规定数	在该种构件中，d_u 级含量或其分布多于 C_u 级的规定数。

注 1：表中“轴线”系指结构平面布置图中的横轴线或纵轴线，当计算纵轴线上的构件数时，对屋面梁等构件可按跨统计。m 为房屋鉴定单元的层数。当计算的含有低一级构件的楼层数为非整数时，可多取一层，但该层中允许出现的低一级构件数，应按相应的比例进行折减（即以该非整数的小数部分作为折减系数）。

当判定一种一般构件的安全性等级时，应根据其每一受检构件的判定结果，按下表的规定判定。

一般构件安全性等级的判定表

等级	多层古建筑	单层古建筑
A_u	在该种构件中，不含 c_u 级和 d_u 级，可含 b_u 级，但一个子单元含 b_u 级的楼层数不多于$\sqrt{m}/m\%$，每一楼层的 b_u 级含量不多于 30%，且任一轴线（或任一跨）上的 b_u 级含量不多于该轴线（或该跨）构件数的 2/5	在该种构件中不含 c_u 级及 d_u 级，可含 b_u 级，但一个子单元的含量不多于 35%，且任一轴线（或任一跨）的 b_u 级含量不多于该轴线（或该跨）构件数的 2/5

续表

等级	多层古建筑	单层古建筑
B_u	在该种构件中，不含 d_u 级，可含 c_u 级，但一个子单元含 c_u 级的楼层数不多于$\sqrt{m}/m\%$，每一楼层的 c_u 级含量不多于 20%，且任一轴线（或任一跨）上的 c_u 级含量不多于该轴线（或该跨）构件数的 2/5	在该种构件中不含 d_u 级可含 c_u 级，但一个子单元的含量不多于 25%，且任一轴线（或任一跨）上的 c_u 级含量不多于该轴线（或该跨）构件数的 2/5
C_u	在该种构件中，可含 d_u 级，但一个子单元含有 d_u 级楼层数不多于$\sqrt{m}/m\%$，每一楼层的 d_u 级含量不多于 7.5%，且任一轴线（或任一跨）上的 d_u 级含量不多于该轴线（或）该跨构件数的 1/3	在该种构件中可含 d_u 级，但一个子单元的含量不多于 10%，且任一轴线（或任一跨）上的 d_u 级含量不多于该轴线（或该跨）构件数的 1/3
D_u	在该种构件中，d_u 级的含量或其分布多于 C_u 级的规定数	在该种构件中，d_u 级含量或其分布多于 C_u 级的规定数

注 1：表中“轴线”系指结构平面布置图中的横轴线或纵轴线，m 为房屋鉴定单元的层数。

当判定构件的整体性等级时，应按下表的规定，先判定其每一检查项目的等级，然后按下列原则确定该结构整体性等级：

1）若五个检查项目均不低于 B_u 级，可按占多数的等级确定；

2）若仅一个检查项目低于 B_u 级，可根据实际情况定为 B_u 级或 C_u 级；

3）若不止一个检查项目低于 B_u 级，可根据实际情况定为 B_u 级或 C_u 级或 D_u 级。

结构整体性等级的判定表

检查项目	A_u 级或 B_u 级	C_u 级或 D_u 级
整体倾斜	无沿结构平面的倾斜量，无垂直构架平面的倾斜量	存在沿结构平面的倾斜量或垂直构架平面的倾斜量
局部倾斜	无柱头与柱脚的相对位移	存在柱头与柱脚的相对位移
构架间的联系	纵向梁枋及其联系构件现状完好	纵向梁枋及其联系构件残缺或已松动
梁柱间的联系（包括柱、枋间，柱、檩间的联系）	拉结情况及榫卯现状完好	无拉结，榫头拔出榫口
榫卯完好程度	榫卯材质完好，无其他损坏，无横纹压缩变形	榫卯有腐朽、虫蛀、劈裂或断裂、横纹压缩变形

注：判定结果取 A_u 级或 B_u 级，根据其实际完好程度确定；取 C_u 级或 D_u 级，根据其实际严重程度确定。

上部承重结构的安全性等级，按下列原则确定：

1）一般情况下，应按各种主要构件的判定结果，取其中最低一级作为上部承重结构的安全性等级。

2）当上部承重结构按上款判定为 B_u 级，但若发现其主要构件所含的各种 c_u 级构件或其连接处于下列情况之一时，宜将所判定等级降为 C_u 级：

① c_u 级沿建筑物某方位呈规律性分布，或过于集中在结构的某部位。

②出现 c_u 级构件交汇的节点连接。

③ c_u 级存在于人群密集场所或其他破坏后果严重的部位。

3）当上部承重结构按本条 a 项判定为 c_u 级，但若发现其主要构件或连接有下列情形之一时，宜将所判定等级降为 D_u 级：

①古建筑中，有 50% 以上的构件为 c_u 级。

②多层古建筑中，其底层均为 c_u 级。

③多层古建筑的底层出现 d_u 级；或任何两相邻层同时出现 d_u 级。

④在人群密集场所或其他破坏后果严重部位，出现 d_u 级。

当上部承重结构按 c 项判定为 A_u 级或 B_u 级，而结构整体性等级为 C_u 级时，应将所判定的上部承重结构安全性等级降为 C_u 级。

当上部承重结构在按本条 d 项的规定作了调整后仍为 A_u 级或 B_u 级，而各种一般构件中，其等级最低的一种为 C_u 级或 D_u 级时，尚应按下列规定调整其级别：

若设计考虑该种一般构件参与支撑系统或其他抗侧力系统工作，或在抗震加固中，已加强了该种构件与主要构件锚固，应将所判定的上部承重结构安全性等级降为 C_u 级。

当仅有一种一般构件为 C_u 级或 D_u 级，且不属于第①项的情况时，可将上部承重结构的安全性等级定为 B_u 级。

当不止一种一般构件为 C_u 级或 D_u 级，应将上部承重结构的安全性等级降为 C_u 级。

3.3 围护系统

围护系统的安全性，应根据该系统专设的和参与该系统工作的各种构件的安全性等级进行判定。

当判定一种构件的安全性等级时，应根据每一受检构件的判定结果及其构件类别，分别按标准规定判定。

围护系统的安全性等级，按下列原则确定：

（1）当仅有 A_u 级或 B_u 级时，按占多数级别确定。

（2）含有 C_u 级或 D_u 级时，可按下列规定判定：

（3）若 C_u 级或 D_u 级属于主要构件时，按最低等级确定；

（4）若 C_u 级或 D_u 级属于一般构件时，可按实际情况，定为 B_u 级或 C_u 级。

3.4 鉴定单元安全等级评估

鉴定单元的安全性等级，应根据其地基基础、上部承重结构和围护系统的安全性等级，以及与整座建筑有关的其他安全问题进行综合性判定。

鉴定单元的安全性等级，应根据子单元的安全性等级，按下列原则确定：

（1）应根据地基基础和上部承重结构的判定结果按其中较低等级确定。

（2）当鉴定单元的安全性等级按上项判定为 A_{su} 级或 B_{su} 级，围护系统的等级为 C_u 级或 D_u 级时，可根据实际情况将鉴定单元安全性等级降低一级或二级，最终等级不应低于 C_{su} 级。

（3）对下列任一情况，可定为 D_{su} 级：

1）建筑物处于有危险的建筑群中，且直接受到其威胁。

2）建筑物朝一方向倾斜，且速度开始变快。

测定的动力特性与原记录或理论分析计算值相比，基本周期显著变长或振型有明显改变时，应经进一步检查、鉴定后再判定该建筑物的安全性等级。

第三章　关岳庙庙门结构安全检测鉴定

1. 建筑概况

1.1 建筑简况

庙门为单檐歇山建筑，面阔三间，面积约 185 平方米。

1.2 现状立面照片

庙门南立面

庙门北立面

庙门西立面

庙门东立面

1.3 建筑测绘图纸

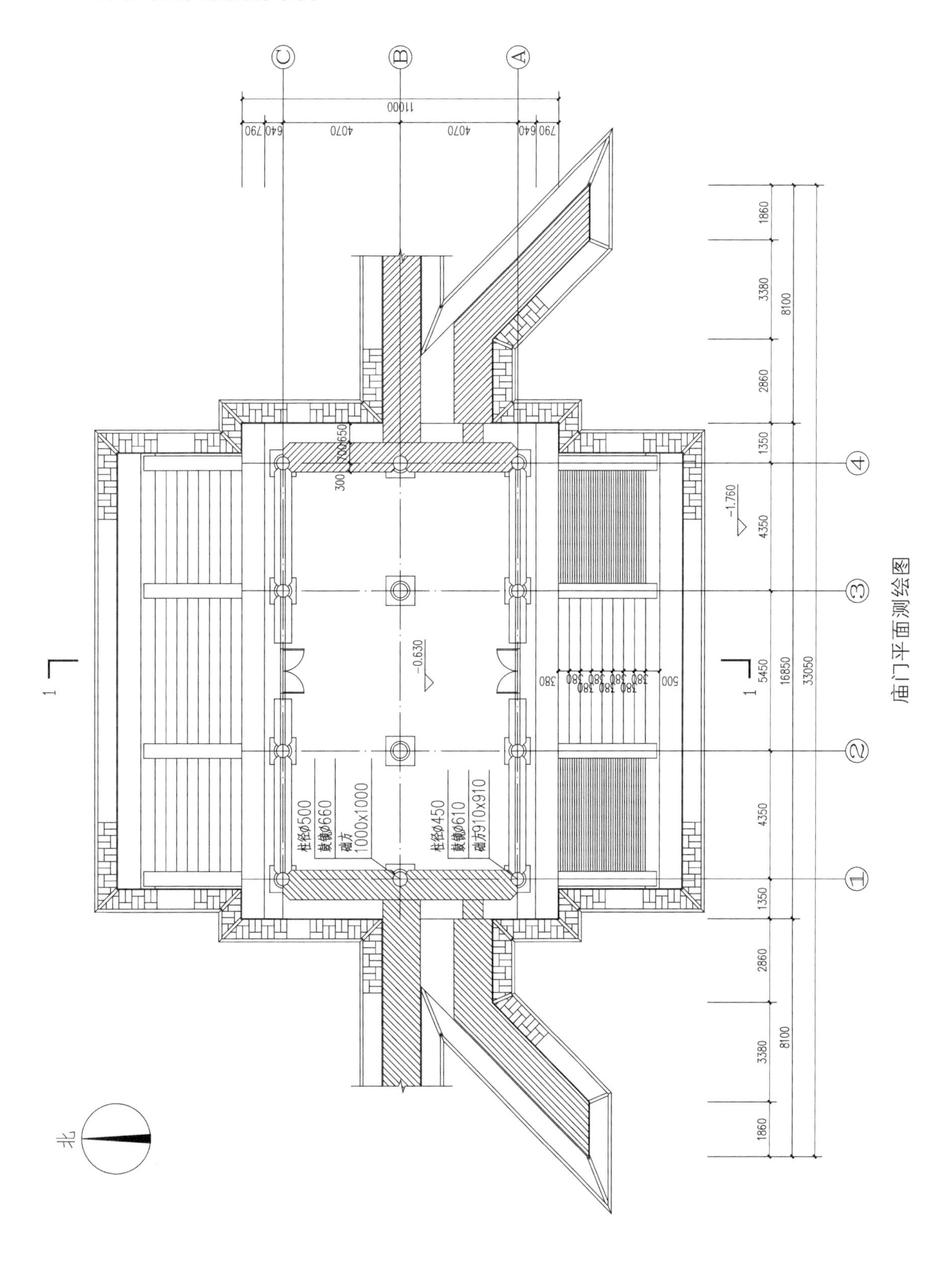
庙门平面测绘图
柱径ø500
鼓镜ø660
础方1000x1000
柱径ø450
鼓镜ø610
础方910x910
-0.630
-1.760
11000
33050
16850
8100
北

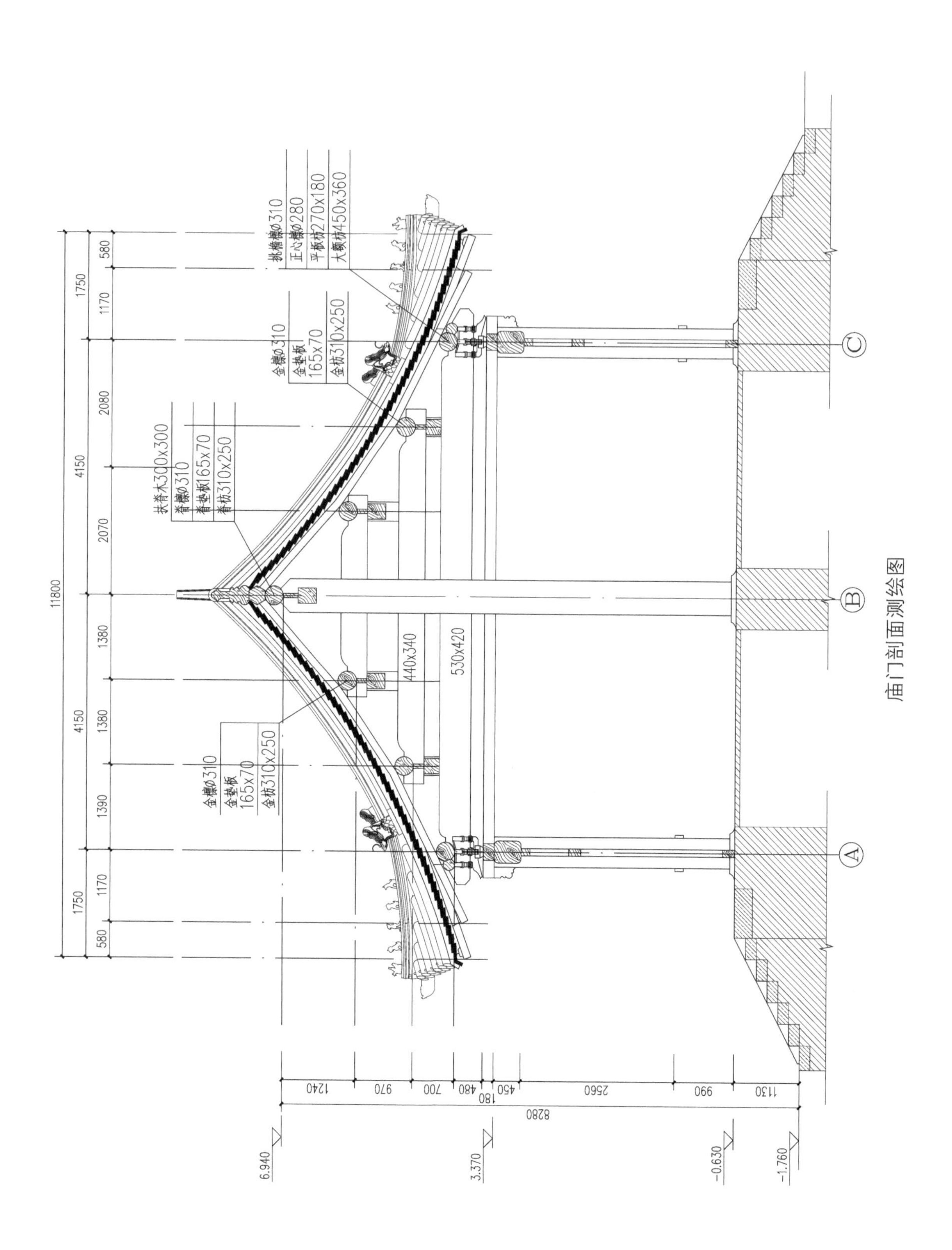
挑檐檩Φ310
正心檩Φ280
平板枋270x180
大额枋450x360
金檩Φ310
金垫板
165x70
金枋310x250
扶脊木300x300
脊檩Φ310
脊垫板165x70
脊枋310x250
440x340
530x420
11800
4150
1750
1170
580
2080
2070
1380
1390
1240
970
700
480
180
450
2560
990
1130
8280
6.940
3.370
-0.630
-1.760
A
B
C
庙门剖面测绘图

2. 地基基础雷达探查

采用地质雷达对结构地基基础进行探查。雷达天线频率为 300 兆赫，雷达扫描路线示意图、结构详细测试结果如下：

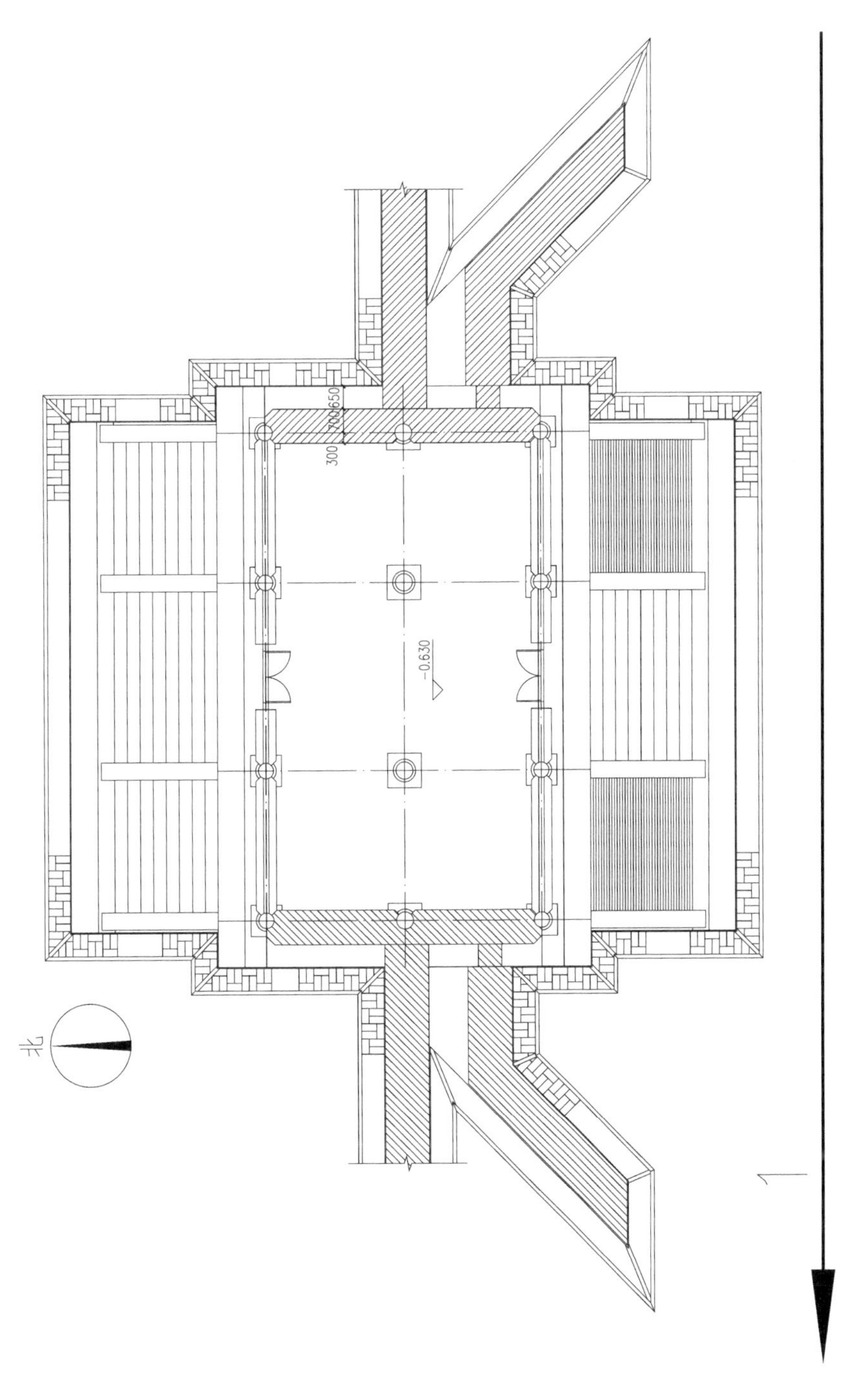

由雷达测试结果可见，南侧地面上表面雷达反射波有 2 处（A、B 点）存在明显绕射，此 2 处可能存在管线，其余部位基本平直连续，地面介质比较均匀。地面下方未发现存在明显空洞等缺陷。

由于地面无法开挖与雷达图像进行比对，解释结果仅作为参考。

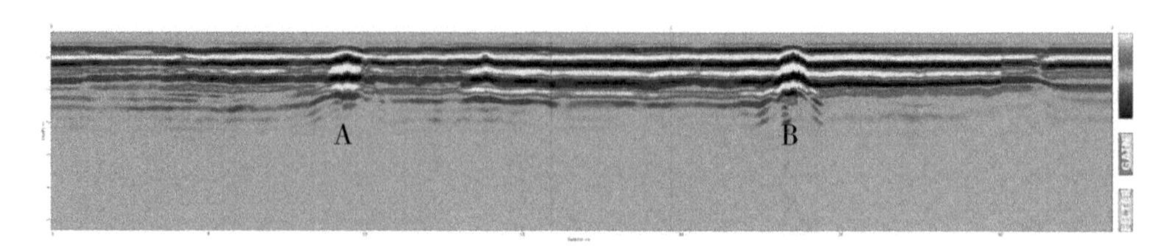

路线 1 庙门南侧室外地面雷达测试图

3. 木材材质状况勘察

3.1 木材含水率检测结果

经现场检测，各木柱含水率在 1.7%～2.3% 之间，未发现存在明显含水率异常的木柱，含水率详细检测结果如下：

庙门木构件含水率检测数据表

序号	柱号	距柱底 20 厘米	柱底
1	1–A	1.7	2.2
2	2–A	1.8	2.3
3	3–A	1.7	2.3
4	4–A	1.8	2.1
5	1–C	1.9	2.4
6	2–C	2.2	1.9
7	3–C	2.2	2.1
8	4–C	2.0	2.3

3.2 树种分析结果

报告中所涉及的相关树种鉴定结果，均是经专业人员切片、制片，再由有关专家通过光学显微镜观察，并查阅大量的相关资料得出。经分析，取样木材所用树种分别为印茄（*Intsia sp.*）、四籽木（*Tetramerista sp.*）、龙脑香（*Dipterocarpus sp.*）等，详细列表如下。

取样木材类型检测表

编号	名称	树种	拉丁名
1	4 轴檐檩	印茄	*Intsia sp.*
2	1/3 轴五架梁	四籽木	*Tetramerista sp.*
3	1/3–B 轴童柱	龙脑香	*Dipterocarpus sp.*

3.3 木材解剖特性、树木分布、加工利用及物理力学性质等参考数据

印茄（拉丁名：*Intsia sp.*）

木材解剖特征：

散孔材，生长轮略明显。导管横切面为卵圆形，稀圆形。单管孔及径列复管孔 2 个～4 个。管间纹孔式互列，系附物纹孔。穿孔板单一。轴向薄壁组织为翼状，少数聚翼状及轮界状，细胞内含少量树胶，分室含晶细胞数多，高达 20 个以上。木纤维壁薄或薄至厚。木射线局部呈规列排列。单列射线较少，高 1 个～7 个细胞；多列射线宽 2 个～3 个细胞，高 4 个～21 个（多数 10 个～15 个）细胞。射线组织同形单列及多列。射线—导管间纹孔式类似管间纹孔式。胞间道缺如。

树木及分布：

以帕利印茄为例：大乔木，树高达 45 米，直径达 1.5 米或以上，分布在菲律宾、泰国、缅甸南部、马来西亚、印度尼西亚、巴布亚新几内亚、斐济等地。

木材加工、工艺性质：

木材具光泽，纹理交错，结构中，均匀；木材重或中至重，硬，干缩小，干缩率从生材到气干径向 0.9%～3.1%，弦向 1.6%～4.1%；强度高至甚高。干燥慢，干燥性能良好。木材耐腐，能抗白蚁危害。但在潮湿条件下，易受菌害，防腐处理很难，锯、刨加工困难；车旋性能良好。

木材利用：

木材多用于桥梁、矿柱、枕木、造船、车辆、高级家具、细木工、拼花地板、室内装修。乐器、雕刻、工农具等。

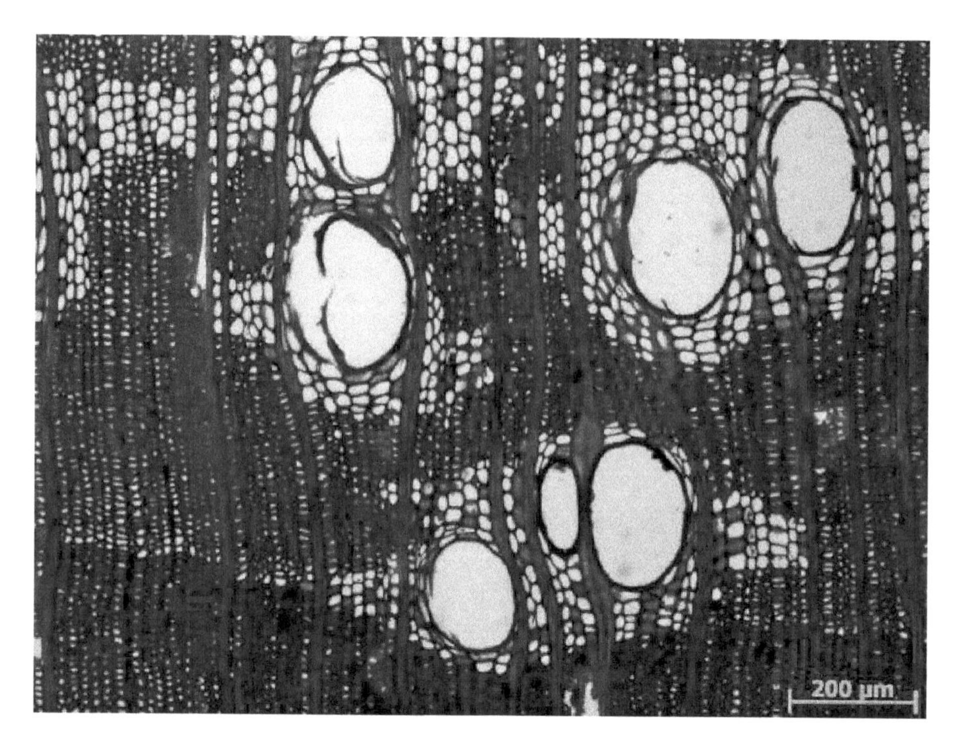

横切面

径切面

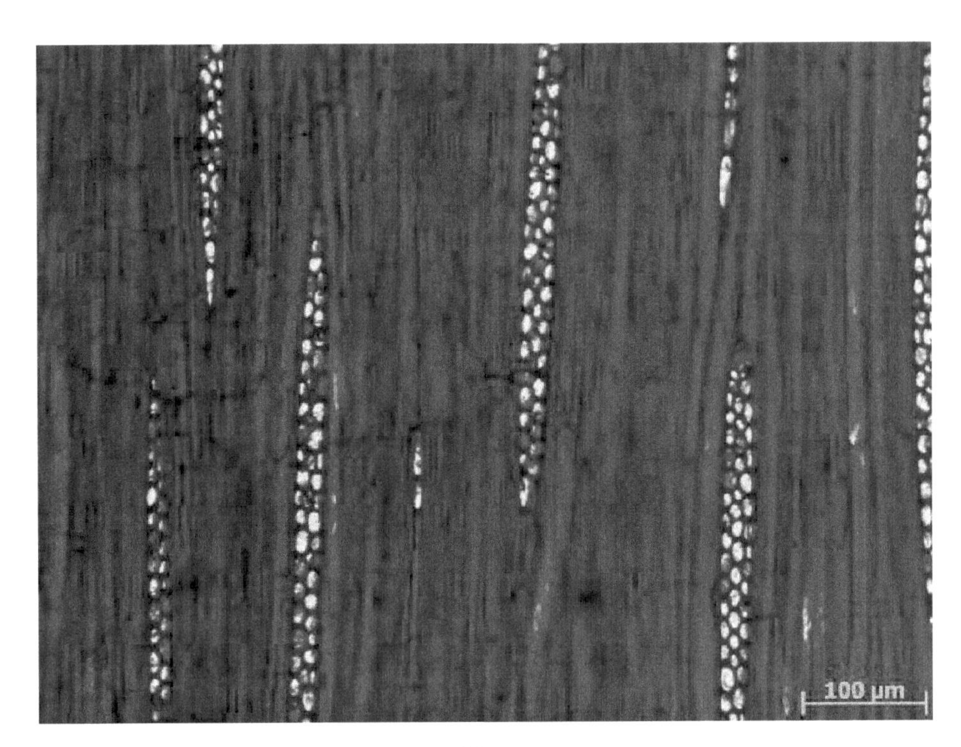

弦切面

物理力学性质（参考地—马来西亚）：

中文名称	密度（克/立方厘米）		干缩系数（%）			抗弯强度（兆帕）	抗弯弹性模量（吉帕）	顺纹抗压强度（兆帕）	冲击韧性（千焦/平方米）	硬度（兆帕）		
	基本	气干	径向	弦向	体积					端面	径面	弦面
帕利印茄	–	0.800	–	–	–	116.000	15.400	58.200	–	–	–	–

龙脑香（拉丁名：*Dipterocarpus sp.*）

木材解剖特征：

生长轮不明显，散孔材。导管横切面为圆形及卵圆形，单管孔，偶见短径列复管孔，最大弦径266微米；导管与环管管胞间纹孔式互列，系附物纹孔。穿孔板单一。轴向薄壁组织稀疏至丰富，疏环管状，少数环管束状，星散及星散—聚合状，弦列于射线之间，围绕于胞间道四周，弦向伸展呈翼状或相连成带状。木纤维壁厚至甚厚。木射线单列者数少，高1个～9个细胞或以上，多列射线宽2个～5个细胞，稀6个细胞，高5个～50个（多数10个～35个）细胞。射线组织异形Ⅱ型。射线细胞常含树胶，菱形晶体偶见。射线与导管间纹孔式为大圆形，少数刻痕状。胞间道正常轴向者比管孔小，埋于薄壁细胞中，单独分布，少数2个～7个弦列。

树木及分布：

大乔木，高达35米，胸径1.4米。分布在马来亚、印度、缅甸、泰国、苏门答腊、婆罗洲、菲律宾等地。

木材加工、工艺性质：

木材含大量树胶（胞间道），干燥时水分运行受阻碍，容易产生翘曲、开裂、甚至劈裂；因此干燥速度宜缓慢。耐腐性不详，估计心材稍耐腐，边材则既不耐腐，又易遭虫蛀，并易感染蓝变菌。锯解和旋切单板时都因木材内有树胶而产生麻烦，容易胶粘刀锯；锯解或旋切时向锯条或刀片上喷热水与火油，可能会克服其困难。油漆后光亮性良好；但胶粘性能并不好，胶合板容易产生鼓泡脱胶现象；握钉力中等。

木材利用：

木材胀缩大，在使用前必须进行适当干燥，切勿使用生材。通常用于房屋建筑方面，做房架、搁栅、柱子、墙板、天花板、地板等；交通、采掘方面，做船壳板、龙筋、龙骨、桅干、车厢板和车梁，防腐处理后作枕木、电杆、桥梁、木桩和码头修建、坑木等；工业制造方面多用作胶合板和家具，亦用作重型机械包装；农村方面做农具、燃材等。

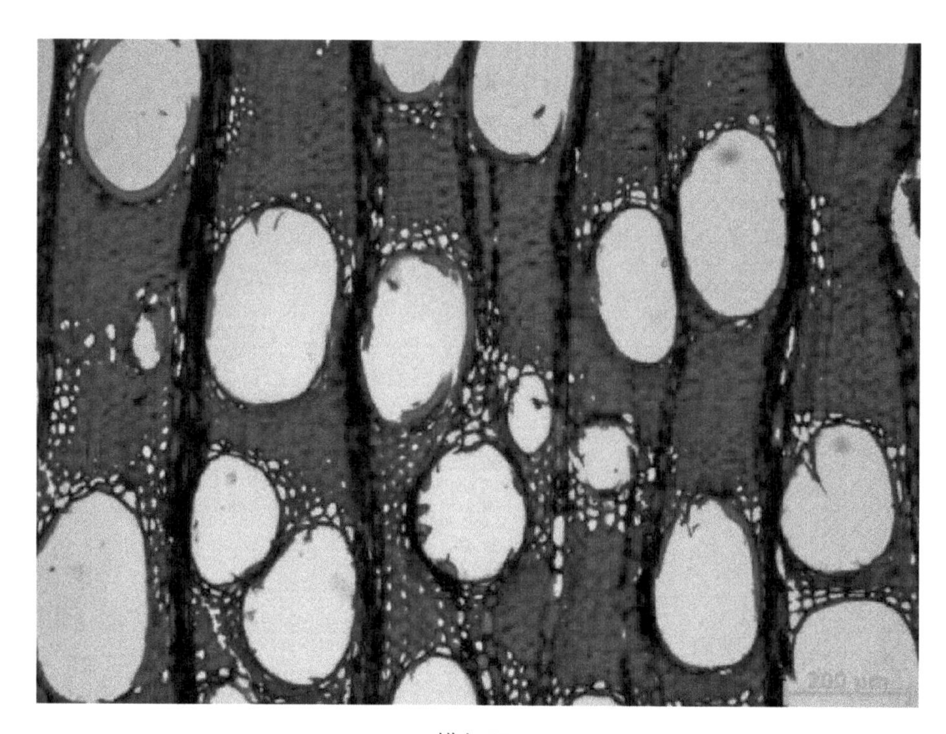

横切面

径切面

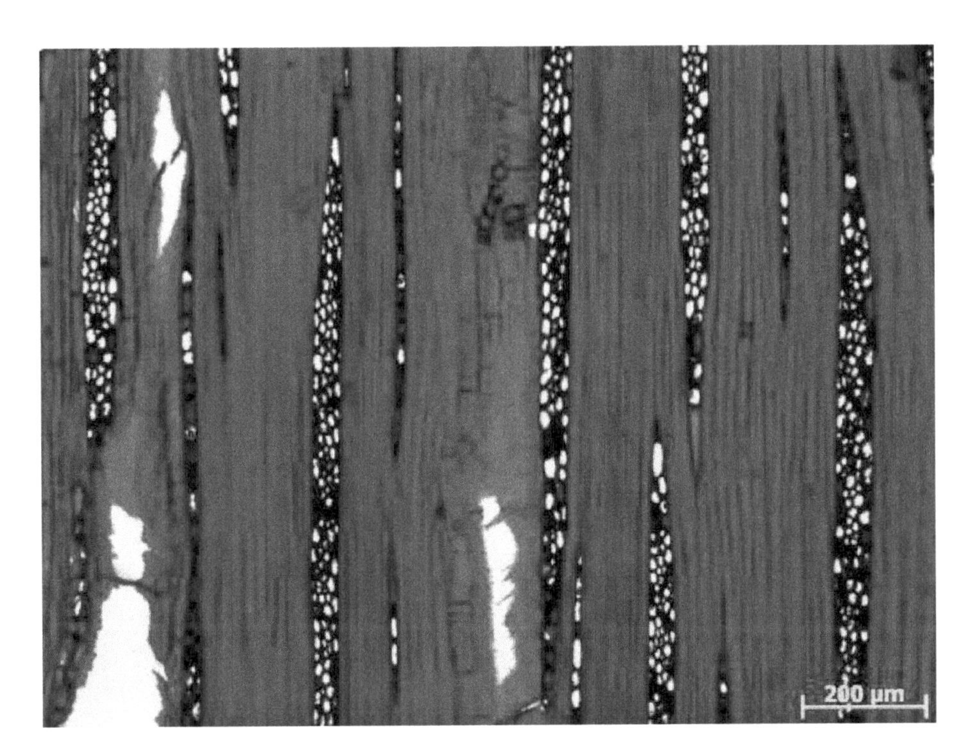

弦切面

物理力学性质（参考地—云南屏边）：

中文名称	密度（克/立方厘米）		干缩系数（%）			抗弯强度（兆帕）	抗弯弹性模量（吉帕）	顺纹抗压强度（兆帕）	冲击韧性（千焦/平方米）	硬度（兆帕）		
	基本	气干	径向	弦向	体积					端面	径面	弦面
云南龙脑香	–	0.800	–	–	–	98.000	17.600	51.800	–	–	–	–

四籽木（拉丁名：*Tetramerista sp.*）

木材解剖特征：

散孔材，生长轮通常不明显。导管横切面卵圆形，具多角形轮廓。主为径列复管孔 2 个～8 个（多数 2 个～4 个），少数单管孔；具树胶状沉积物。管间纹孔式密集，互列；穿孔板单一。轴向薄壁组织数多，星散、星散—聚合、疏环管状。木纤维壁甚厚，直径 32 微米，长 2660 微米。木射线单列者少，高 3 个～21 个（多数 6～13）细胞。多列射线宽 2 个～6 个（多数 3 个～4 个）细胞，高 12 个以上细胞。射线—导管间纹孔式类似管间纹孔式。射线组织异形 I 型，具鞘状细胞，部分细胞含树胶（球形）；针晶束常见。胞间道缺如。

树木及分布：

四籽树属，3 种，分布在苏门答腊、马来半岛、加里曼丹。以光四籽树为例，大乔木，高达 40 米，直径 0.7 米～1.2 米，分布在马来西亚，印度尼西亚。

木材加工、工艺性质：

木材具光泽，纹理直或略斜；结构中，均匀；木材重，干缩甚大，干缩率从生材至气干径向 6.1%，弦向 10.7%；强度中至高。木材耐腐，锯、刨容易；钉钉有劈裂倾向，握钉力良好。

木材利用：

木材用于建筑、地板、家具、细木工、车辆、造船、运动器材、枕木、矿柱、桩木等。

物理力学性质（参考地—马来西亚）：

中文名称	密度（克/立方厘米）		干缩系数（%）			抗弯强度（兆帕）	抗弯弹性模量（吉帕）	顺纹抗压强度（兆帕）	冲击韧性（千焦/平方米）	硬度（兆帕）		
	基本	气干	径向	弦向	体积					端面	径面	弦面
光四籽木	–	0.785	–	–	–	87.000	15.400	49.400	–	–	–	–

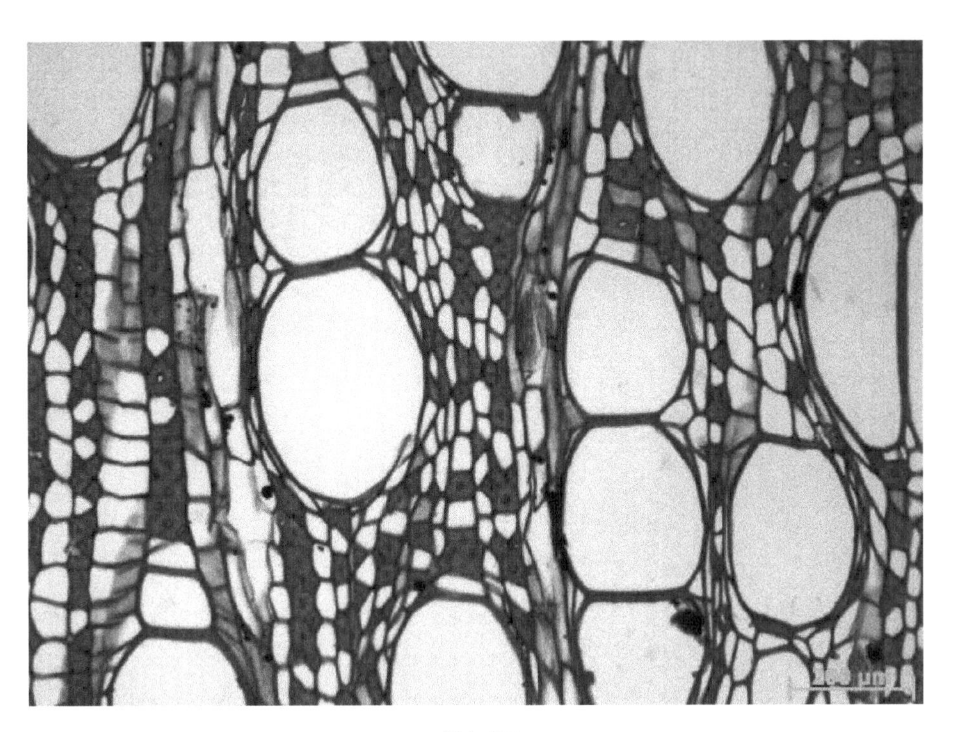

横切面

弦切面

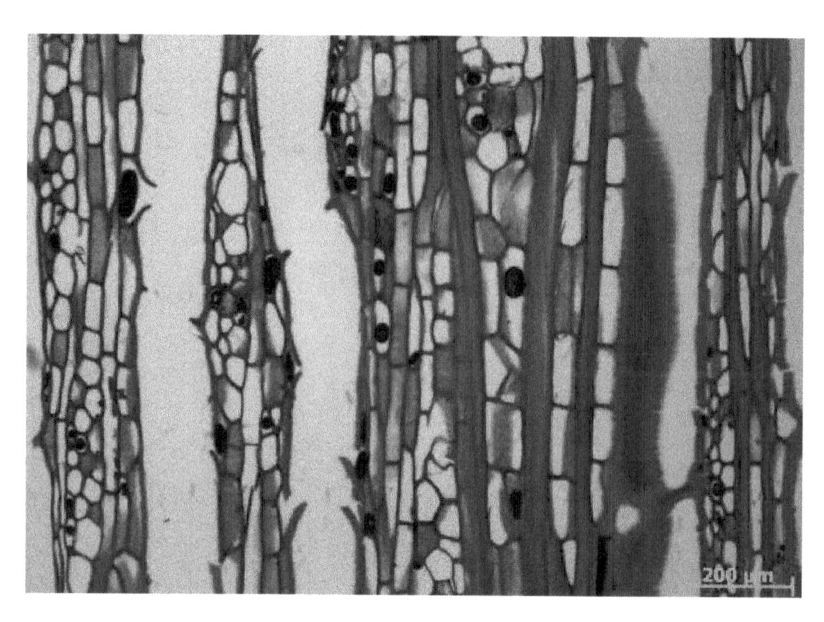

弦切面

4. 结构外观质量检查

4.1 地基基础

经现场检查，庙门台基基本完好，部分阶条石为新换，未见明显损坏，其余阶条石存在风化剥落的现象；上部结构未见因地基不均匀沉降而导致的明显裂缝和变形，建筑的地基基础承载状况基本良好，台基现状照片如下：

庙门南侧台基

庙门北侧台基

4.2　围护系统

经现场检查，墙体基本完好，没有明显的开裂和鼓闪变形，现状照片如下：

庙门西立面墙体

庙门东立面墙体

4.3 屋面结构

经现场检查，屋顶瓦面普遍脱釉，瓦件多处松动破碎，屋檐现状照片如下：

庙门北侧屋面

庙门南侧屋面

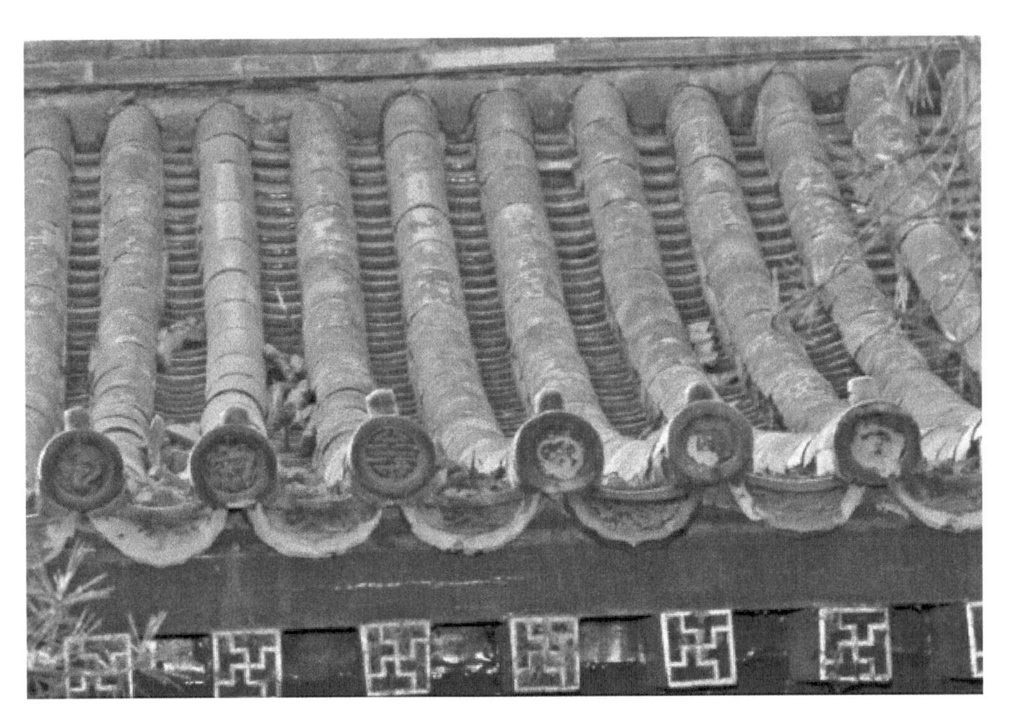

庙门北侧屋面损坏情况

庙门南侧屋面损坏情况

4.4 木构架

木构架概况

（1）经现场检查，房屋个别梁架采用叠梁的形式，由多块木材上下叠合而成，典型照片如下：

庙门单步及双步梁外观

庙门梁架加固措施

（2）经现场检查，房屋各梁架均采取了一定的加固措施，部分梁架（如单、双步梁）均用铁箍进行了加固，各檩下枋也均用铁箍进行了加固，各中柱也均用铁箍进行了加固。典型加固照片如下：

庙门中柱加固措施

庙门檩枋加固措施

（3）经现场检查，少量加固铁箍存在变形，及铆钉脱落现象。

木构架缺陷

经现场检查，木构架存在的主要残损情况有：

（1）中柱与两侧梁架之间普遍存在拔榫，最大拔榫长度 30 毫米。

（2）个别檩枋存在水平开裂。

具体残损情况、各榀木梁架现状如下

木构架残损情况表

项次	残损项目	残损部位
1	拔榫	1/3-A-C 轴中柱与单步梁之间拔榫，北侧 30 毫米，南 20 毫米
2	开裂	1/B-3-4 轴北侧中金枋轻微开裂，有箍
3	开裂	A-3-4 轴南侧檐檩轻微开裂，有箍
4	拔榫	3-A-C 轴中柱与单步梁之间拔榫，北侧 10 毫米，南侧 20 毫米
5	开裂	1/B-3-4 轴北侧中金枋开裂 25 毫米，有箍
6	拔榫	2-A-C 轴中柱与单步梁之间拔榫，北 30 毫米，南 20 毫米
7	开裂	1/B-1-2 轴北侧中金檩、枋开裂，有箍

庙门木构架残损（一）

庙门木构架残损（二）

庙门木构架残损（三）

庙门木构架残损（四）

庙门木构架残损（五）

庙门木构架残损（六）

庙门木构架残损（七）

庙门 1/3 轴梁架

庙门 3 轴梁架

庙门 2 轴梁架

庙门 1/1 轴梁架

4.5 木柱局部倾斜

依据北京市地方标准《古建筑结构安全性鉴定技术规范 第 1 部分：木结构》DB11/T1190.1—2015 附录 D 进行判定，规范中规定最大相对位移△≤ H/100（测量高度 H 为 2000 毫米时，H/100 为 20 毫米）且△≤ 80 毫米。

根据测量结果，除 A 轴 4 根檐柱倾斜值不符合规范限值要求外，其余木柱倾斜值满足符合规范限值要求。

古建常规做法中，金柱和檐柱一般设置侧脚，会向中间偏移，目前 A 轴偏移趋势基本正常，虽然超出了规范的限值，但鉴于目前未发生明显损坏现象，且处于稳定的状态中，可暂不采取措施。

现场测量部分木柱的倾斜程度，测量结果如下：

木柱倾斜检测表

序号	柱号	南北向倾斜方向及数值（毫米）	东西向倾斜方向及数值（毫米）	规范限值（毫米）	结论
1	1-A	向北 16	向东 14	20	符合
2	2-A	向北 10	/	20	不符合
3	3-A	向北 11	/	20	不符合
4	4-A	向北 8	向西 20	20	不符合
5	1-C	向南 6	向东 8	20	符合
6	2-C	向南 11	/	20	不符合
7	3-C	向南 19	/	20	符合
8	4-C	向南 10	向西 20	20	符合

4.6 台基相对高差测量

现场对南北两侧檐柱柱础石上表面的相对高差进行了测量，高差分布情况测量结果如下：

柱础石高差检测表

轴线	1-A	2-A	3-A	4-A
柱础石相对高差	0	-1 毫米	-7 毫米	-7 毫米
轴线	1-C	2-C	3-C	4-C
柱础石相对高差	-8 毫米	0	-5 毫米	-13 毫米

测量结果表明，各柱础石顶部存在一定的相对高差，南侧柱础之间的最大相对高差为 7 毫米；北侧柱础之间的最大相对高差为 13 毫米；由于结构初期可能存在施工偏差，各部分高差不完全是地基的沉降差，鉴于目前未发现结构存在因地基不均匀沉降而导致的明显损坏现象，可暂不进行处理，但应注意观察。

5. 结构安全性鉴定

5.1 评定方法和原则

根据 DB11/T1190.1—2015，古建筑安全性鉴定分为构件、子单元、鉴定单元 3 个项目。首先根据构件各项目检查结果，判定单个构件安全性等级，然后根据子单元各项目检查结果及各种构件的安全性等级，判定子单元安全性等级，最后根据各子单元的安全性等级，判定鉴定单元安全性等级。

本次鉴定将委托鉴定的区域列为 1 个鉴定单元，每个鉴定单元分为地基基础、上部承重结构及围护系统 3 个子单元，分别对其安全性进行评定。

5.2 子单元安全性鉴定评级

地基基础

经检查，未发现地基基础存在影响上部结构安全的不均匀沉降裂缝和明显变形，因此，本鉴定单元地基基础的安全性评为 A_u 级。

上部承重结构

（1）构件的安全性鉴定

木构件的安全性等级判定，应按承载能力、构造、不适于继续承载的位移（或变形）、裂缝、腐朽、虫蛀、天然缺陷、历次加固现状等检查项目，分别判定每一受检构件的等级，并取其中最低一级作为该构件的安全性等级。

1）木柱安全性评定

柱构件均未发现存在明显变形、裂缝及腐朽等缺陷，均评为 a_u 级。

经统计评定，柱构件的安全性等级为 A_u 级。

2）木梁架中构件安全性评定

4 根檩枋构件存在轻微开裂，评为 b_u 级；其他木构件未发现存在明显变形、裂缝及腐朽等缺陷，均评为 a_u 级。

经统计评定，梁构件的安全性等级为 B_u 级。

（2）结构整体性安全性评定

1）整体倾斜安全性评定

经测量，结构未发现存在明显整体倾斜，评为 A_u 级。

2）局部倾斜安全性评定

经测量，各木柱倾斜值均符合规范限值要求，局部倾斜综合评为 A_u 级。

3）构件间的联系安全性评定

纵向连枋及其联系构件的连接未出现明显松动，构架间的联系综合评为 A_u 级。

4）梁柱间的联系安全性评定

梁架中轴榫卯节点普遍存在拔榫现象，但拔榫长度均未超过规范限值，梁柱间的联系综合评定为 B_u 级。

5）榫卯完好程度安全性评定

榫卯材质基本完好，榫卯完好程度综合评定为 A_u 级。

综合评定该单元上部承重结构整体性的安全性等级为 B_u 级。

综上，上部承重结构的安全性等级评定为 B_u 级。

围护系统安全性评定

围护系统主要包括自承重墙体、屋面等构件。

墙体未发现明显开裂现象，该项目评定为 A_u 级。

屋面存在明显破损现象，该项目评定为 B_u 级。

综合评定该单元围护系统的安全性等级为 B_u 级。

5.3 鉴定单元的鉴定评级

综合上述，根据DB11/T1190.1—2015《古建筑结构安全性鉴定技术规范 第1部分：木结构》，鉴定单元的安全性等级评为 B_{su} 级，安全性略低于本标准对 A_{su} 级的要求，尚不显著影响整体承载。

6. 处理建议

（1）建议修复台基表面存在的风化剥落等自然坏损。

（2）建议清除屋顶碎瓦；将残缺和开裂瓦件进行修补替换、勾抿。

（3）建议对梁架中拔榫节点部位采取铁件拉结措施；对梁枋的干缩裂缝进行修复处理。

第四章　关岳庙前殿结构安全检测鉴定

1. 建筑概况

1.1 建筑简况

前殿为单檐歇山建筑，面阔三间，面积约 185 平方米。

1.2 现状立面照片

前殿南立面

前殿北立面

前殿西立面

前殿东立面

1.3 建筑测绘图纸

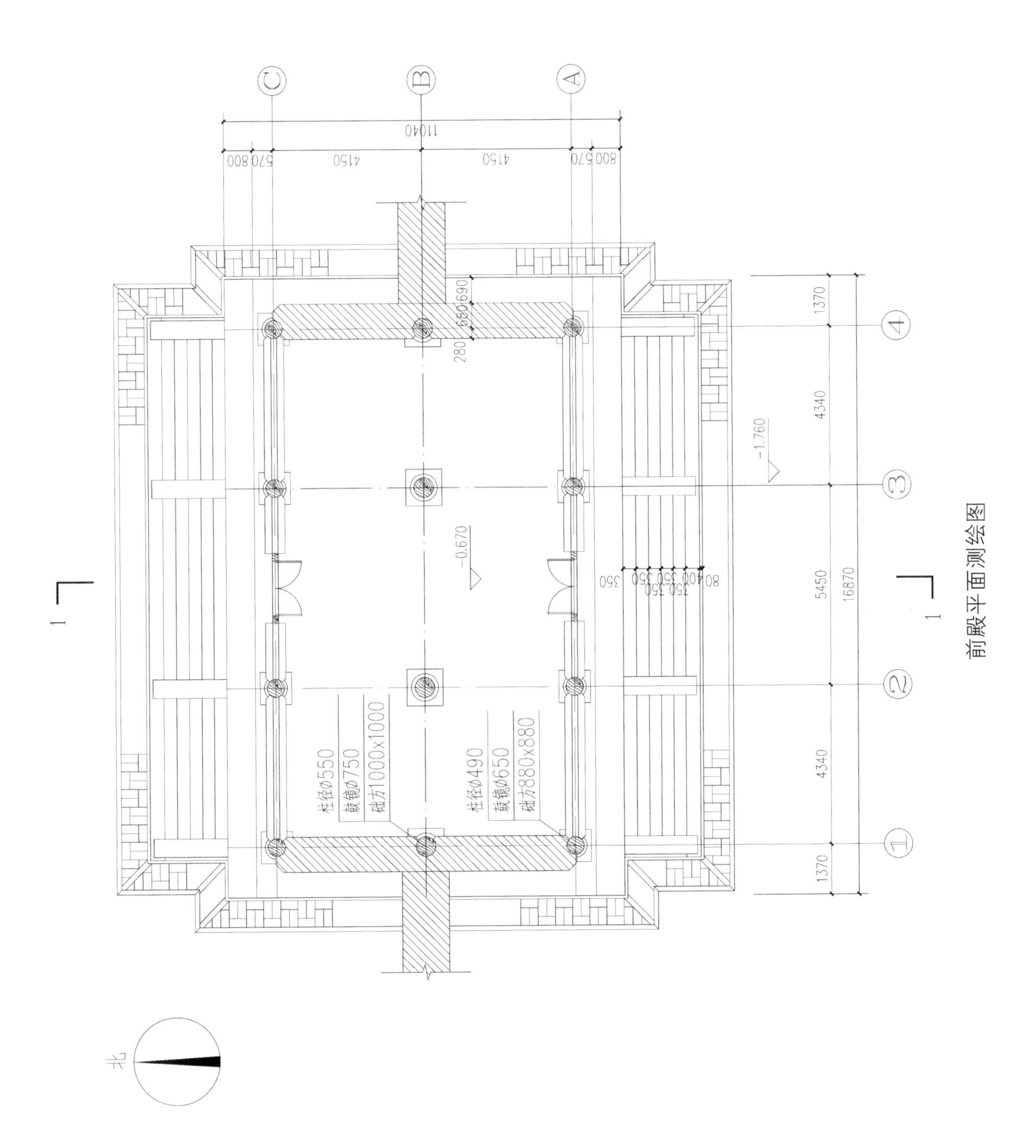

前殿平面测绘图

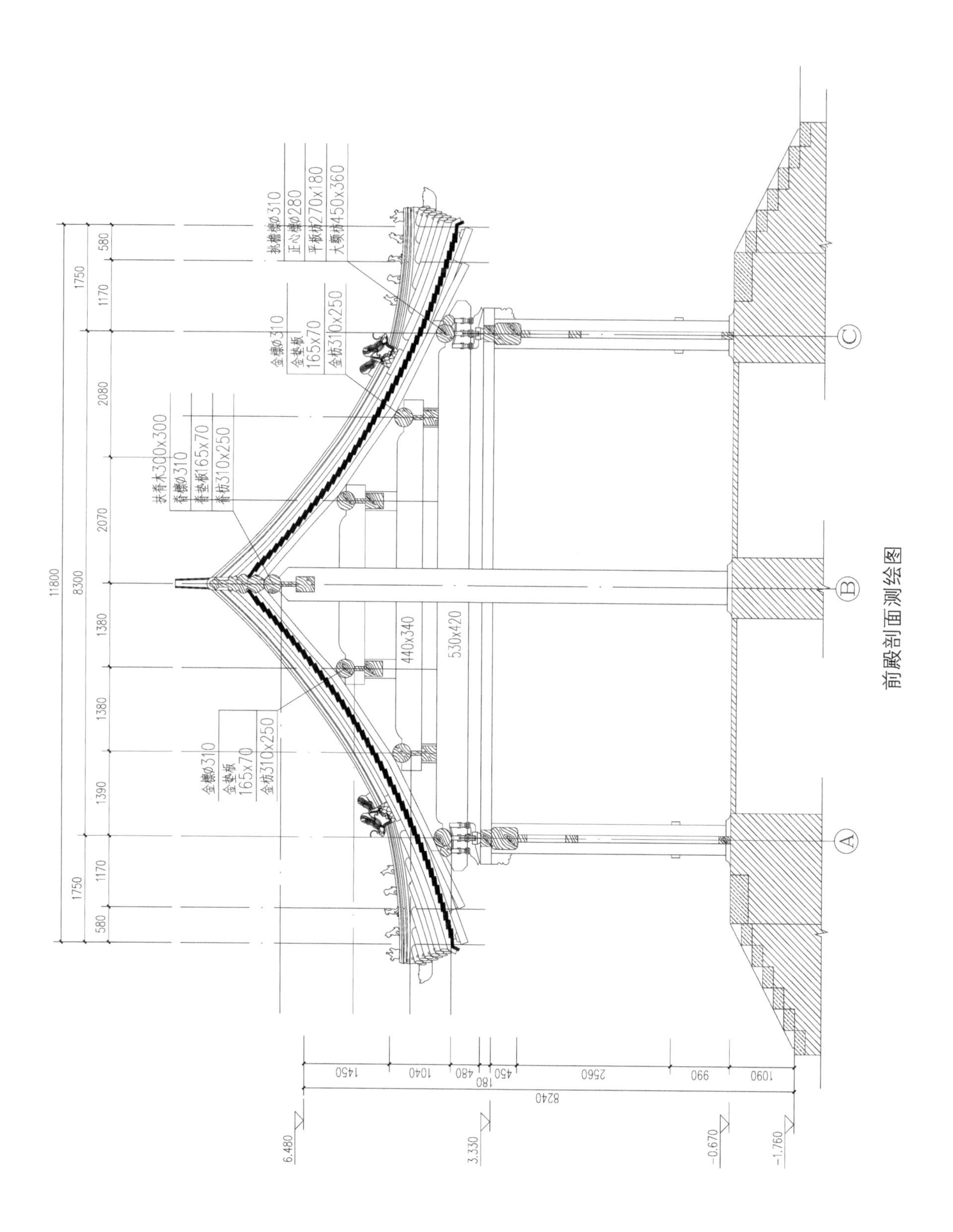
扶脊木300x300
脊檩Φ310
脊垫板165x70
脊枋310x250
金檩Φ310
金垫板
165x70
金枋310x250
挑檐檩Φ310
正心檩Φ280
平板枋270x180
大额枋450x360
440x340
530x420
11800
8300
1750
580
1170
2080
2070
1380
1390
1450
1040
480
180
450
2560
990
1090
8240
6.480
3.330
-0.670
-1.760
A
B
C

前殿剖面测绘图

2. 地基基础雷达探查

采用地质雷达对结构地基基础进行探查。雷达天线频率为 300 兆赫，雷达扫描路线示意图、结构详细测试结果如下：

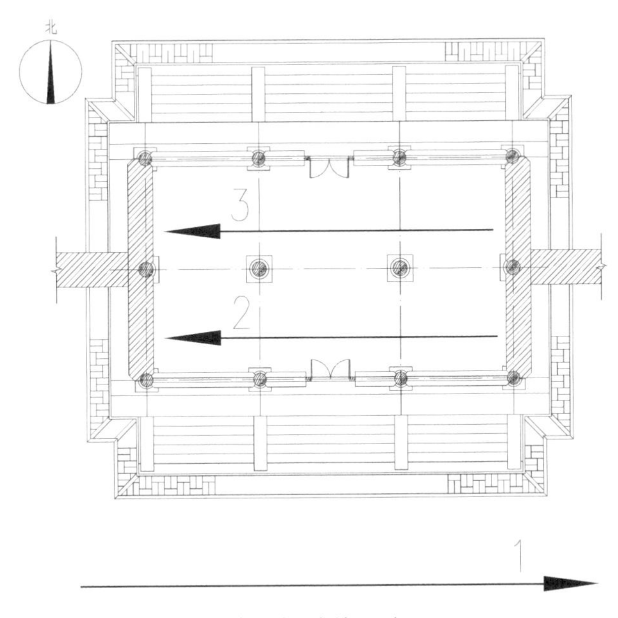

雷达扫描路线示意图

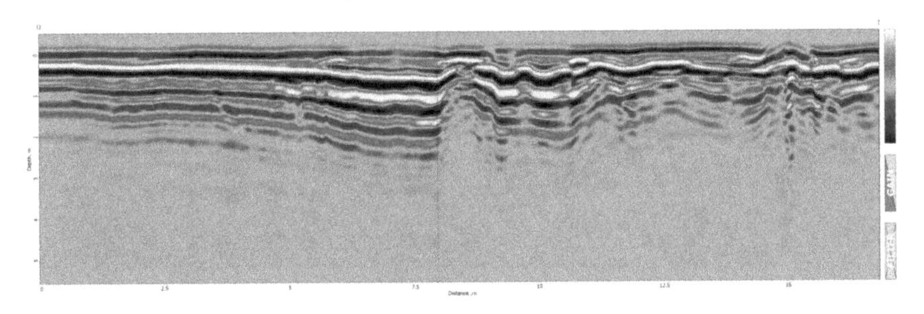

路线 1（庙门室外南侧地面）雷达测试图

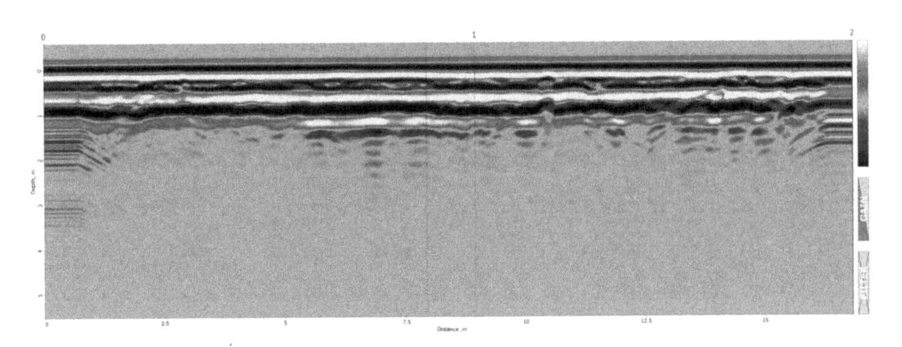

路线 2（庙门室内地面）雷达测试图

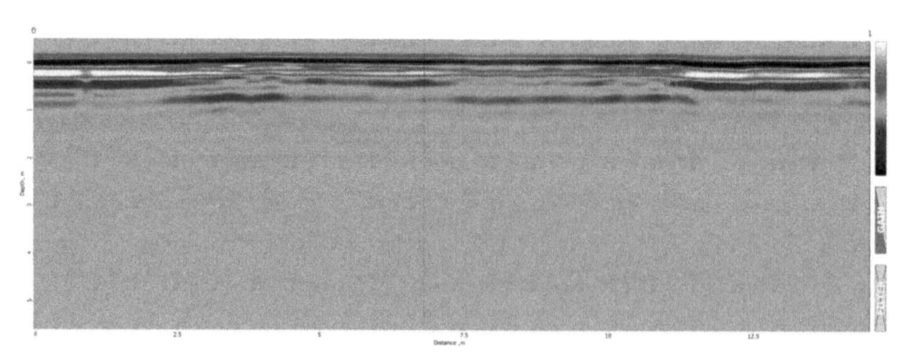

路线3（庙门室内地面）雷达测试图

由雷达测试结果可见，室外地面雷达反射波比较杂乱，表明地面介质不够均匀。室内地面雷达发射波基本平直连续，两处地面下方没有明显空洞等缺陷。

由于地面无法开挖与雷达图像进行比对，解释结果仅作为参考。

3. 木材材质状况勘察

3.1 木材含水率检测结果

经现场检测，各木柱含水率在1.1%～2.7%之间，未发现存在明显含水率异常的木柱，含水率详细检测结果如下：

前殿木构件含水率检测数据表

序号	柱号	距柱底20厘米	柱底
1	1-A	1.4	1.9
2	2-A	1.1	2.0
3	3-A	1.4	1.9
4	4-A	1.5	1.9
5	1-C	1.7	2.0
6	2-C	2.0	1.9
7	3-C	1.8	1.5
8	4-C	2.1	2.7

3.2 树种分析结果

报告中所涉及的相关树种鉴定结果，均是经专业人员切片、制片，再由有关专家通过光学显微镜观察，并查阅大量的相关资料得出。经分析，取样木材所用树种分别为印茄（*Intsia sp.*）、龙脑香（*Dipterocarpus sp.*）、铁线子（*Manilkara sp.*）等，详细列表如下。

取样木材类型检测表

编号	名称	树种	拉丁名
1	梁	印茄	*Intsia sp.*
2	1–B 柱	龙脑香	*Dipterocarpus sp.*
3	梁	铁线子	*Manilkara sp.*

3.3 木材解剖特性、树木分布、加工利用及物理力学性质等参考数据

印茄（拉丁名：*Intsia sp.*）

木材解剖特征：

散孔材，生长轮略明显。导管横切面为卵圆形，稀圆形。单管孔及径列复管孔 2 个～4 个。管间纹孔式互列，系附物纹孔。穿孔板单一。轴向薄壁组织为翼状，少数聚翼状及轮界状，细胞内含少量树胶，分室含晶细胞数多，高达 20 个以上。木纤维壁薄或薄至厚。木射线局部呈规列排列。单列射线较少，高 1 个～7 个细胞；多列射线宽 2 个～3 个细胞，高 4～21（多数 10 个～15 个）细胞。射线组织同形单列及多列。射线—导管间纹孔式类似管间纹孔式。胞间道缺如。

树木及分布：

以帕利印茄为例：大乔木，树高达 45 米，直径达 1.5 米或以上，分布在菲律宾、泰国、缅甸南部、马来西亚、印度尼西亚、巴布亚新几内亚、斐济等地。

木材加工、工艺性质：

木材具光泽，纹理交错，结构中，均匀；木材重或中至重，硬，干缩小，干缩率从生材到气干径向 0.9%～3.1%，弦向 1.6%～4.1%；强度高至甚高。干燥慢，干燥性能良好。木材耐腐，能抗白蚁危害。但在潮湿条件下，易受菌害，防腐处理很难，锯、刨加工困难；车旋性能良好。

木材利用：

木材多用于桥梁、矿柱、枕木、造船、车辆、高级家具、细木工、拼花地板、室内装修。乐器、雕刻、工农具等。

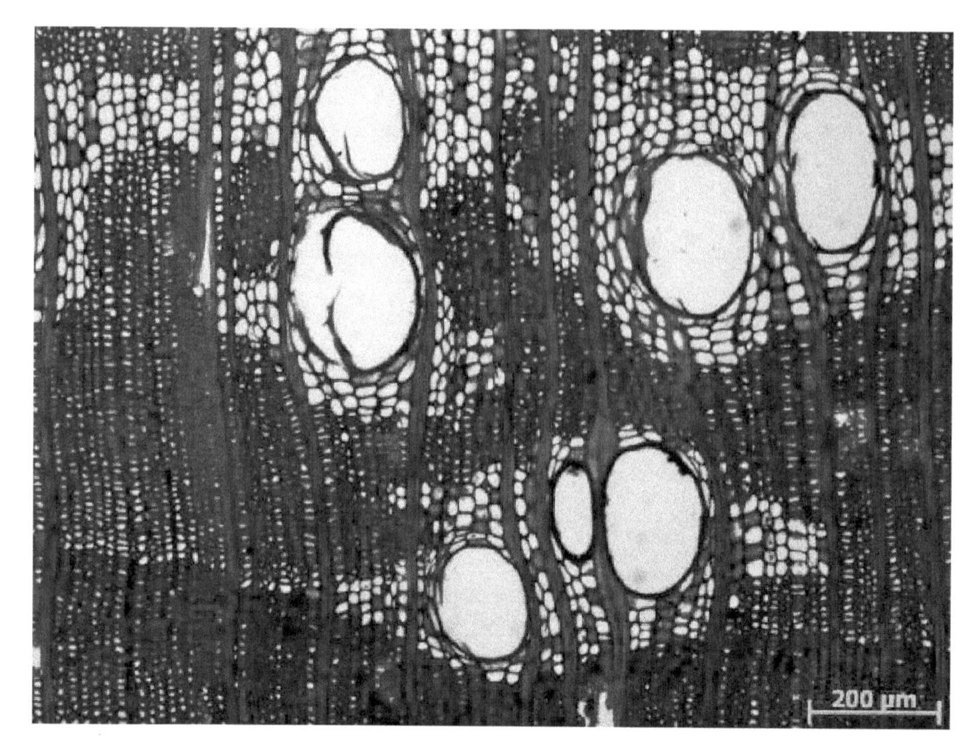

横切面

径切面

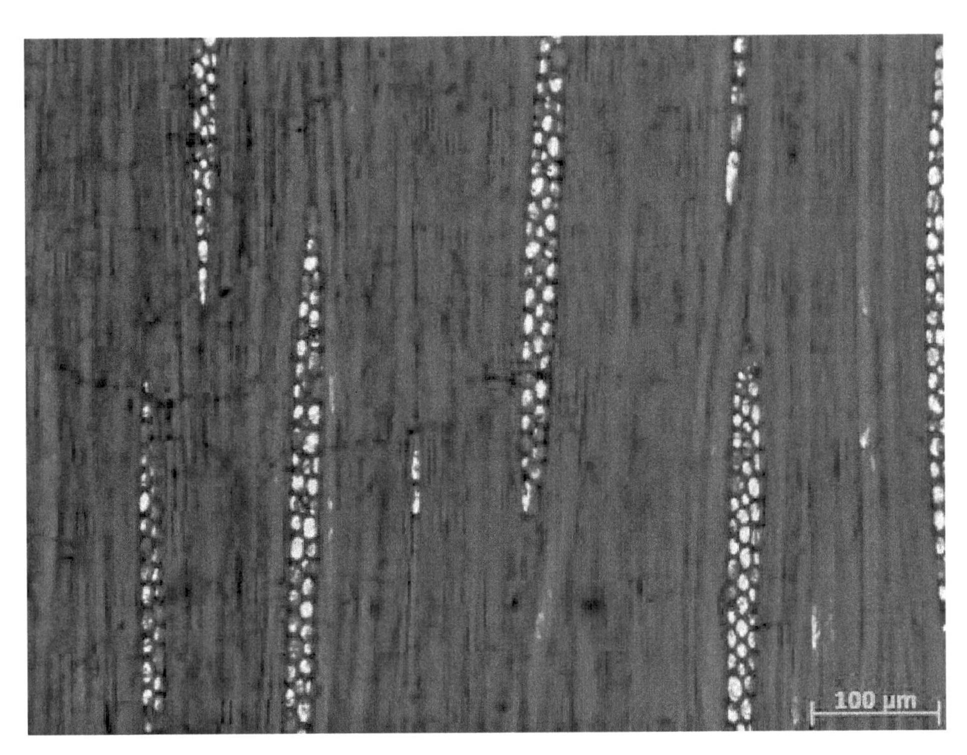

弦切面

物理力学性质（参考地—马来西亚）：

中文名称	密度（克 / 立方厘米）		干缩系数（%）			抗弯强度（兆帕）	抗弯弹性模量（吉帕）	顺纹抗压强度（兆帕）	冲击韧性（千焦 / 平方米）	硬度（兆帕）		
	基本	气干	径向	弦向	体积					端面	径面	弦面
帕利印茄	–	0.800	–	–	–	116.000	15.400	58.200	–	–	–	–

龙脑香（拉丁名：*Dipterocarpus sp.*）

木材解剖特征：

生长轮不明显，散孔材。导管横切面为圆形及卵圆形，单管孔，偶见短径列复管孔，最大弦径 266 微米；导管与环管管胞间纹孔式互列，系附物纹孔。穿孔板单一。轴向薄壁组织稀疏至丰富，疏环管状，少数环管束状，星散及星散—聚合状，弦列于射线之间，围绕于胞间道四周，弦向伸展呈翼状或相连成带状。木纤维壁厚至甚厚。木射线单列者数少，高 1 个～9 个细胞或以上，多列射线宽 2 个～5 个细胞，稀 6 个细胞，高 5 个～50 个（多数 10 个～35 个）细胞。射线组织异形Ⅱ型。射线细胞常含树胶，菱形晶体偶见。射线与导管间纹孔式为大圆形，少数刻痕状。胞间道正常轴向者比管孔小，埋于薄壁细胞中，单独分布，少数 2 个～7 个弦列。

树木及分布：

大乔木，高达 35 米，胸径 1.4 米。分布在马来亚、印度、缅甸、泰国、苏门答腊、婆罗洲、菲律宾等地。

木材加工、工艺性质：

木材含大量树胶（胞间道），干燥时水分运行受阻碍，容易产生翘曲、开裂、甚至劈裂；因此干燥速度宜缓慢。耐腐性不详，估计心材稍耐腐，边材则既不耐腐，又易遭虫蛀，并易感染蓝变菌。锯解和旋切单板时都因木材内有树胶而产生麻烦，容易胶粘刀锯；锯解或旋切时向锯条或刀片上喷热水与火油，可能会克服其困难。油漆后光亮性良好；但胶粘性能并不好，胶合板容易产生鼓泡脱胶现象；握钉力中等。

木材利用：

木材胀缩大，在使用前必须进行适当干燥，切勿使用生材。通常用于房屋建筑方面，做房架、搁栅、柱子、墙板、天花板、地板等；交通、采掘方面，做船壳板、龙筋、龙骨、桅干、车厢板和车梁，防腐处理后作枕木、电杆、桥梁、木桩和码头修建、坑木等；工业制造方面多用作胶合板和家具，亦用作重型机械包装；农村方面做农具、燃材等。

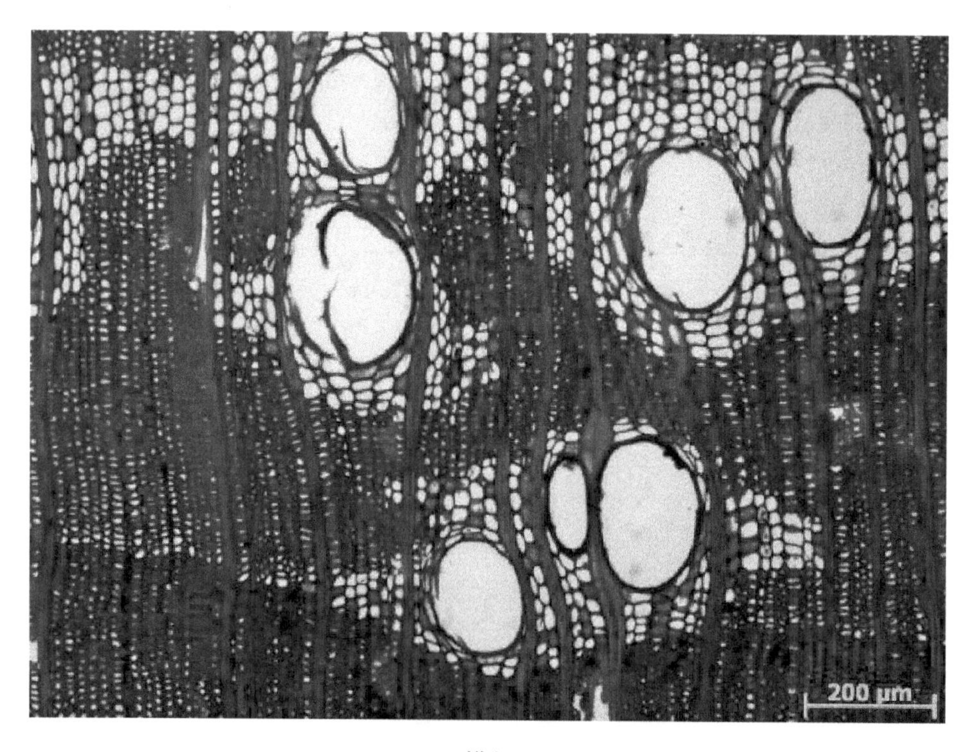

横切面

径切面

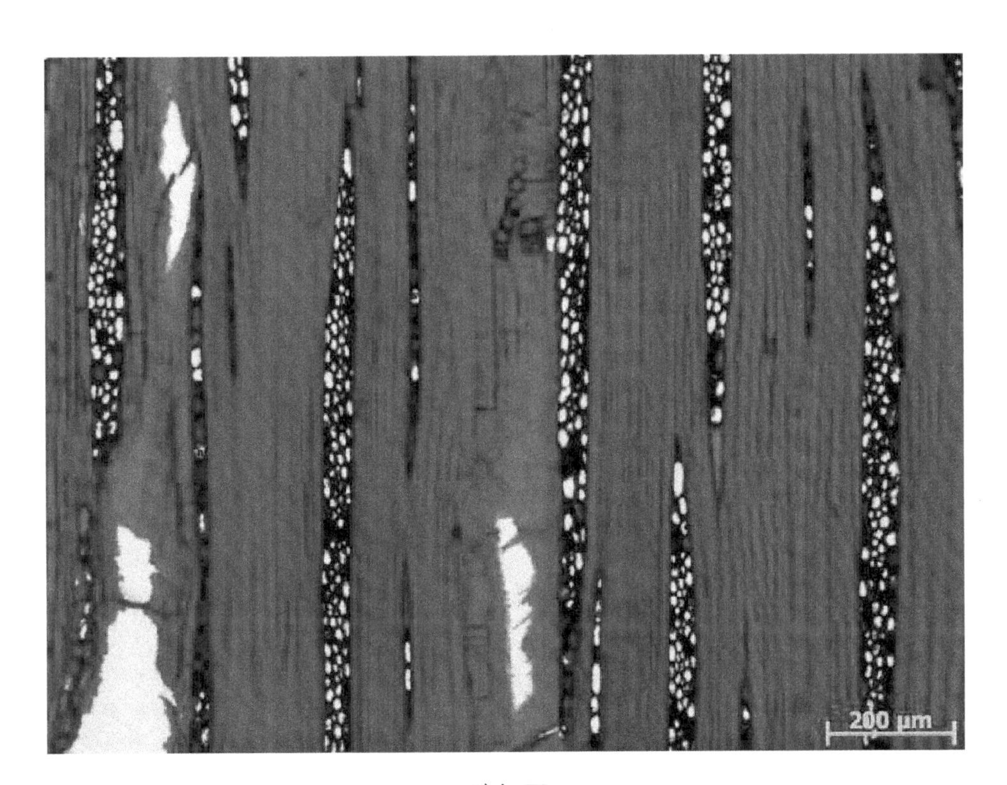

弦切面

物理力学性质（参考地—云南屏边）：

中文名称	密度（克/立方厘米）		干缩系数（%）			抗弯强度（兆帕）	抗弯弹性模量（吉帕）	顺纹抗压强度（兆帕）	冲击韧性（千焦/平方米）	硬度（兆帕）		
	基本	气干	径向	弦向	体积					端面	径面	弦面
云南龙脑香	–	0.800	–	–	–	98.000	17.600	51.800	–	–	–	–

铁线子（拉丁名：*Manilkara sp.*）

木材解剖特征：

散孔材，生长轮不明现。导管横切面为圆形，少数卵圆形，主为径列复管孔 2 个～8 个，少数单管孔，稀管孔团；侵填体常见。管间纹孔式互列。穿孔板单一。轴向薄壁组织丰富，不规则带状（宽 1 个～3 个细胞），星散状及星散—聚合状，分室含晶细胞普遍。木纤维胞壁甚厚。单列射线高 1 个～12 个细胞，多列射线宽 2 个（稀 3 个）细胞，多列部分有时与单列部分等宽，高 5 个～36 个（多数 10 个～15 个）细胞。射线组织异形 I 型。射线—导管间纹孔式为大圆形及刻痕状。胞间道缺如。

树木及分布：

小至大乔木，高可达 12 米以上，分布在印度、缅甸、马来西亚、菲律宾、印度尼西亚、泰国、斯里兰卡、柬埔寨等地。

木材加工、工艺性质：

木材具光泽；纹理直至略交错；结构甚细均匀。甚重甚硬，强度甚高。木材干燥难以掌握，常产生端裂及表面裂。木材非常耐腐。木材锯、刨困难，但切面光亮。

木材利用：

主要用作梁、柱、码头木桩、枕木、农业机械，尤其适用于强度大和耐久的地方。

物理力学性质：

中文名称	密度（克/立方厘米）		干缩系数（%）			抗弯强度（兆帕）	抗弯弹性模量（吉帕）	顺纹抗压强度（兆帕）	冲击韧性（千焦/平方米）	硬度（兆帕）		
	基本	气干	径向	弦向	体积					端面	径面	弦面
考基铁线子	–	0.900	–	–	–	–	–	63.700	–	–	–	–

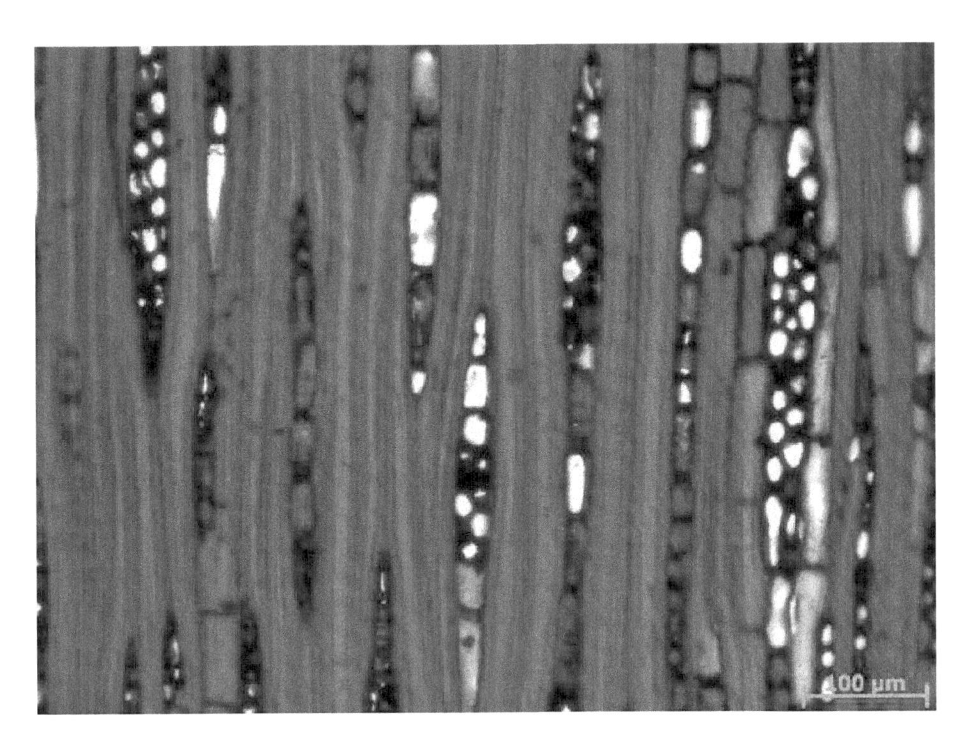

弦切面

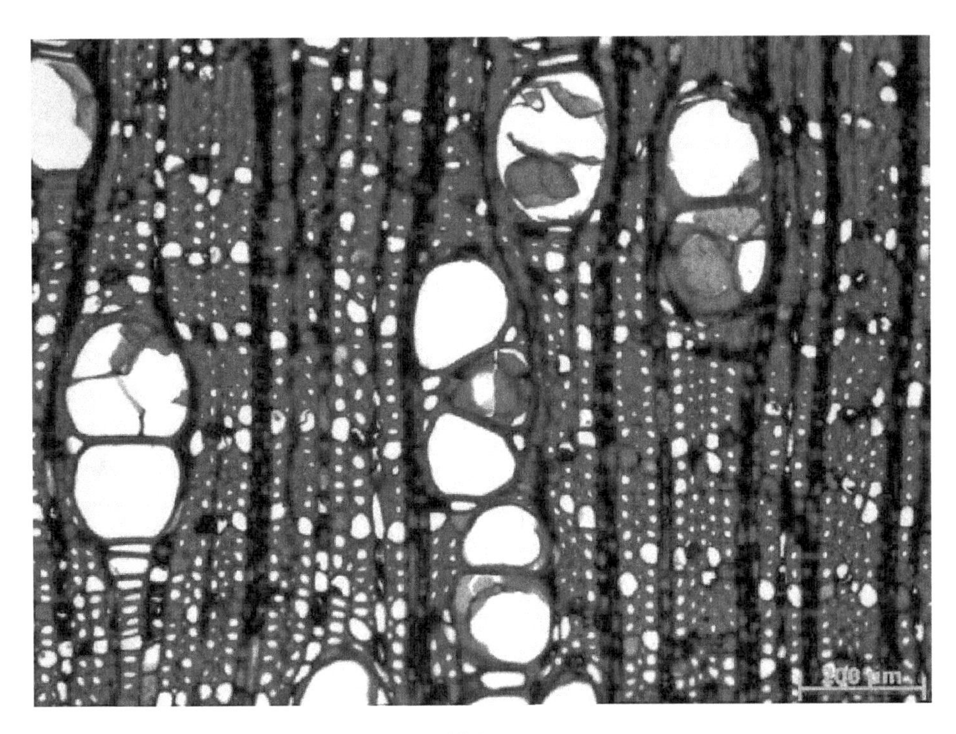

横切面

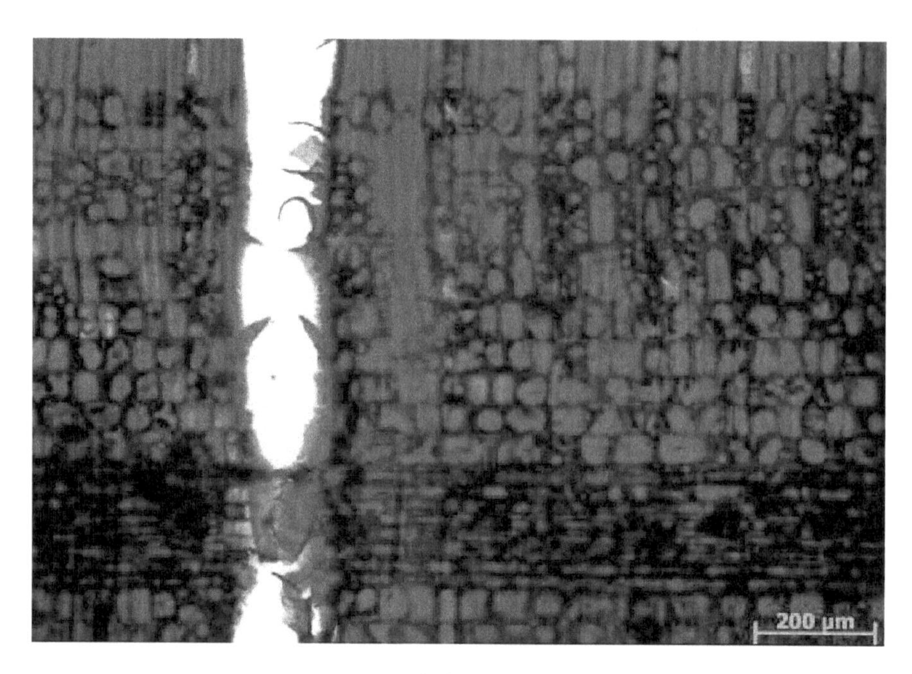

径切面

4. 结构外观质量检查

4.1 地基基础

经现场检查，前殿台基基本完好，部分阶条石为新换，未见明显损坏，其余阶条石存在风化剥落的现象；东西两侧台基抹灰层存在脱落现象。上部结构未见因地基不均匀沉降而导致的明显裂缝和变形，建筑的地基基础承载状况基本良好。台基现状照片如下：

前殿北侧台基

前殿南侧台基

前殿东侧台基抹灰脱落

前殿西侧台基抹灰层脱落

4.2 围护系统

经现场检查，墙体基本完好，没有明显的开裂和鼓闪变形，现状照片如下：

前殿西侧外墙

前殿东侧外墙

4.3 屋面结构

经现场检查，屋顶瓦面普遍脱釉，瓦件多处松动破碎脱落，局部生有杂草，屋檐现状照片如下：

前殿北侧屋面

前殿南侧屋面

前殿北侧瓦面破碎脱落

前殿南侧瓦面破碎脱落、生有杂草

4.4 木构架

木构架概况

（1）经现场检查，房屋个别梁架采用叠梁的形式，由多块木材上下叠合而成。

前殿梁架及中柱加固措施

前殿檩枋加固措施

（2）经现场检查，房屋各梁架均采取了一定的加固措施，主要梁架（如单、双步梁等）均用铁箍进行了加固，部分檩枋也用铁箍进行了加固，各中柱也均用铁箍进行了加固。

（3）经现场检查，少量加固铁箍存在变形，及铆钉脱落现象。

木构架缺陷

经现场检查，木构架存在的主要残损情况有：

（1）中柱与两侧梁架之间普遍存在拔榫，最大拔榫长度 25 毫米

（2）个别檩枋存在水平开裂。

（3）西南角、西北角角梁尾部存在开裂。

具体残损情况、各榀木梁架现状如下：

木构架残损情况表

项次	残损项目	残损部位
1	拔榫	1/1-A-C 轴中柱与单步梁拔榫，北 15 毫米，南 15 毫米
2	开裂	1/1-2 轴北侧上金檩开裂 30 毫米
3	开裂	1/1A-C 中柱与单步梁拔榫，北 25，南 35 毫米

续表

项次	残损项目	残损部位
4	拔榫	1/1A–C 中柱北侧单步梁开裂 10 毫米，已箍
5	开裂	2–3 轴脊檩开裂 10 毫米
6	开裂	2–3 轴北侧上金檩开裂 20 毫米
7	拔榫、开裂	1/1A–C 中柱与单步梁拔榫，北 25 毫米，南 25 毫米，两侧单步梁均明显开裂，已箍
8	开裂	西南角梁尾部明显开裂 20 毫米
9	开裂	西北角梁尾部存在开裂 10 毫米

前殿木构架残损（一）

前殿木构架残损（二）

前殿木构架残损（三）

前殿木构架残损（四）

前殿木构架残损（五）

前殿木构架残损（六）

前殿木构架残损（七）

前殿木构架残损（八）

前殿木构架残损（九）

前殿 1/1 轴梁架

前殿 2 轴梁架

前殿 3 轴梁架

前殿 1/3 轴梁架

4.5 木柱局部倾斜

依据北京市地方标准《古建筑结构安全性鉴定技术规范 第1部分：木结构》DB11/T1190.1—2015附录D进行判定，规范中规定最大相对位移△≤H/100（测量高度H为2000毫米时，H/100为20毫米）且△≤80毫米。

根据测量结果，各木柱倾斜值均符合规范限值要求。

古建常规做法中，金柱和檐柱一般设置侧脚，会向中间偏移，目前各轴偏移趋势正常。

现场测量部分木柱的倾斜程度，测量结果如下：

木柱倾斜检测表

序号	柱号	南北向倾斜方向及数值（毫米）	东西向倾斜方向及数值（毫米）	规范限值（毫米）	结论
1	1–A	向北 9	向东 17	20	符合
2	2–A	向北 14	/	20	符合
3	3–A	向北 12	/	20	符合
4	4–A	向北 10	向西 9	20	符合
5	1–C	向南 20	向东 20	20	符合
6	2–C	向南 19	/	20	符合
7	3–C	向南 12	/	20	符合
8	4–C	向南 15	向西 14	20	符合

4.6 台基相对高差测量

现场对南侧檐柱柱础石上表面的相对高差进行了测量，高差分布情况测量结果如下：

柱础石高差检测表

轴线	1–A	2–A	3–A	4–A
柱础石相对高差	–20 毫米	–15 毫米	–32 毫米	0
轴线	1–C	2–C	3–C	4–C
柱础石相对高差	0	–9 毫米	–17 毫米	–9 毫米

测量结果表明，各柱础石顶部存在一定的相对高差，南侧柱础之间的最大相对高差为32毫米；北侧柱础之间的最大相对高差为17毫米；由于结构初期可能存在施工偏差，各部分高差不完全是地基的沉降差，鉴于目前未发现结构存在因地基不均匀沉降而导致的明显损坏现象，可暂不进行处理，但应注意观察。

5. 结构安全性鉴定

5.1 评定方法和原则

根据DB11/T1190.1—2015，古建筑安全性鉴定分为构件、子单元、鉴定单元3个项目。首先根据构件各项目检查结果，判定单个构件安全性等级，然后根据子单元各项目检查结果及各种构件的安全性等级，判定子单元安全性等级，最后根据各子单元的安全性等级，判定鉴定单元安全性等级。

本次鉴定将委托鉴定的区域列为1个鉴定单元，每个鉴定单元分为地基基础、上部承重结构及围护系统3个子单元，分别对其安全性进行评定。

5.2 子单元安全性鉴定评级

地基基础

经检查，未发现地基基础存在影响上部结构安全的不均匀沉降裂缝和明显变形，因此，本鉴定单元地基基础的安全性评为A_u级。

上部承重结构

（1）构件的安全性鉴定

木构件的安全性等级判定，应按承载能力、构造、不适于继续承载的位移（或变形）、裂缝、腐朽、虫蛀、天然缺陷、历次加固现状等检查项目，分别判定每一受检构件的等级，并取其中最低一级作为该构件的安全性等级。

1）木柱安全性评定

柱构件均未发现存在明显变形、裂缝及腐朽等缺陷，均评为a_u级。

经统计评定，柱构件的安全性等级为A_u级。

2）木梁架中构件安全性评定

2根檩枋构件存在明显开裂，评为c_u级；1根檩枋构件存在轻微开裂，评为b_u级；

2根角梁构件存在开裂，评为 c_u 级；多根单、双步梁构件存在开裂，由于已加铁箍，评为 b_u 级；其他木构件未发现存在明显变形、裂缝及腐朽等缺陷，均评为 a_u 级。

经统计评定，梁构件的安全性等级为 B_u 级。

（2）结构整体性安全性评定

1）整体倾斜安全性评定

经测量，结构未发现存在明显整体倾斜，评为 A_u 级。

2）局部倾斜安全性评定

经测量，各木柱倾斜值均符合规范限值要求，局部倾斜综合评为 A_u 级。

3）构件间的联系安全性评定

纵向连枋及其联系构件的连接未出现明显松动，构架间的联系综合评为 A_u 级。

4）梁柱间的联系安全性评定

梁架中轴榫卯节点普遍存在拔榫现象，但拔榫长度均未超过规范限值，梁柱间的联系综合评定为 B_u 级。

5）榫卯完好程度安全性评定

榫卯材质基本完好，榫卯完好程度综合评定为 A_u 级。

综合评定该单元上部承重结构整体性的安全性等级为 B_u 级。

综上，上部承重结构的安全性等级评定为 B_u 级。

围护系统安全性评定

围护系统主要包括自承重墙体、屋面等构件。

墙体未发现存在明显开裂，风化及变形，该项目评定为 A_u 级。

屋面存在明显破损现象，该项目评定为 B_u 级。

综合评定该单元围护系统的安全性等级为 B_u 级。

5.3 鉴定单元的鉴定评级

综合上述，根据DB11/T1190.1—2015《古建筑结构安全性鉴定技术规范 第1部分：木结构》，鉴定单元的安全性等级评为 B_{su} 级，安全性略低于本标准对 A_{su} 级的要求，尚不显著影响整体承载。

6. 处理建议

（1）建议修复台基表面存在的风化剥落等自然坏损。

（2）建议清除屋顶碎瓦和杂草；将残缺和开裂瓦件进行修补替换、勾抿。

（3）建议对梁架中拔榫节点部位采取铁件拉结措施；对梁枋的干缩裂缝进行修复处理。

（4）建议对存在开裂的西南角、西北角角梁进行加固处理。

第五章　关岳庙正殿结构安全检测鉴定

1. 建筑概况

1.1 建筑简况

正殿，为九檩大型殿堂形制，黄琉璃筒瓦，重檐庑殿顶屋面。面阔九间，进深五间，面积约830平方米。

1.2 现状立面照片

正殿南立面

正殿北立面

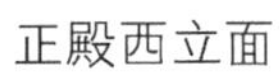

正殿西立面

正殿东立面

1.3 建筑测绘图纸

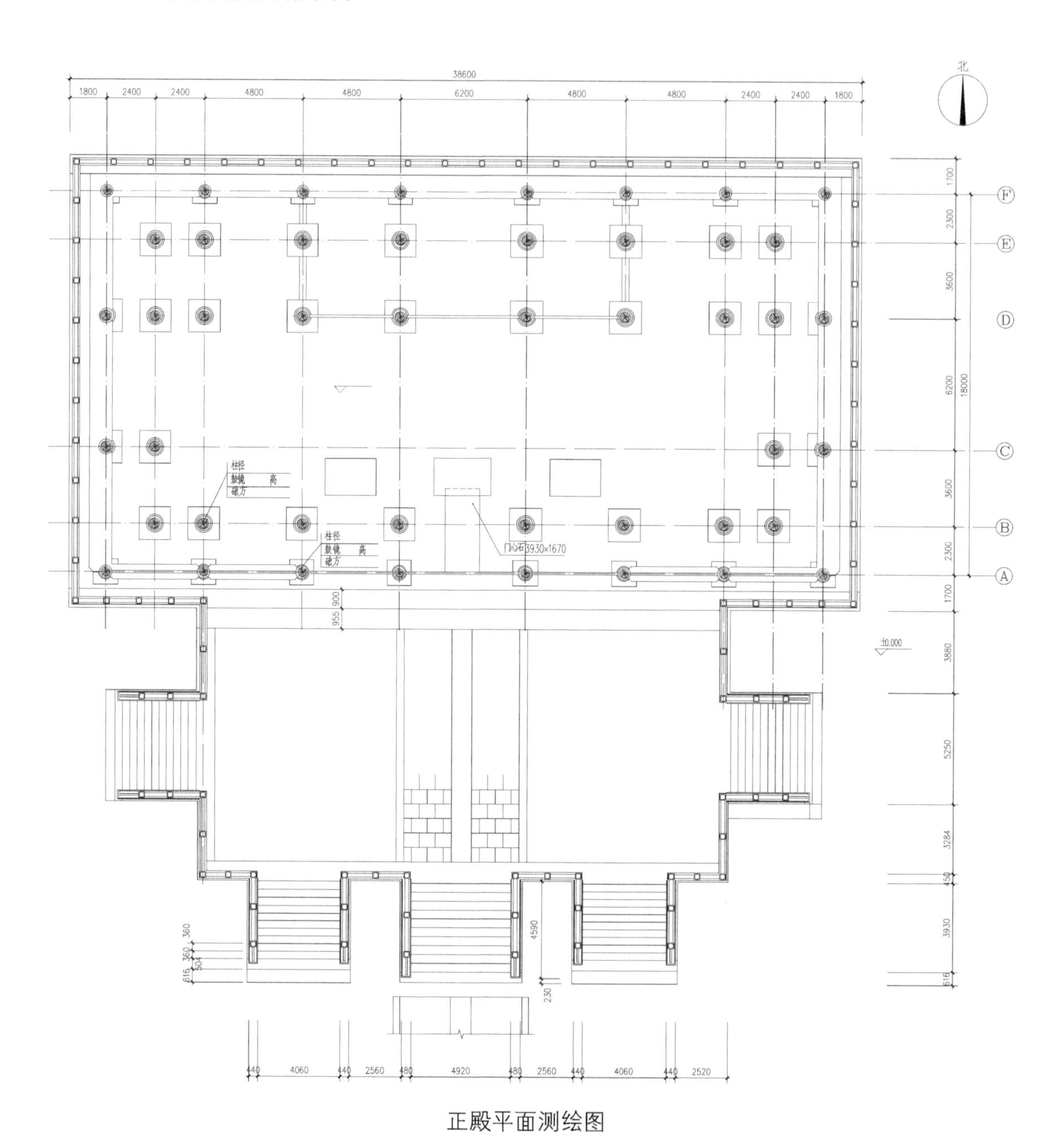

正殿平面测绘图

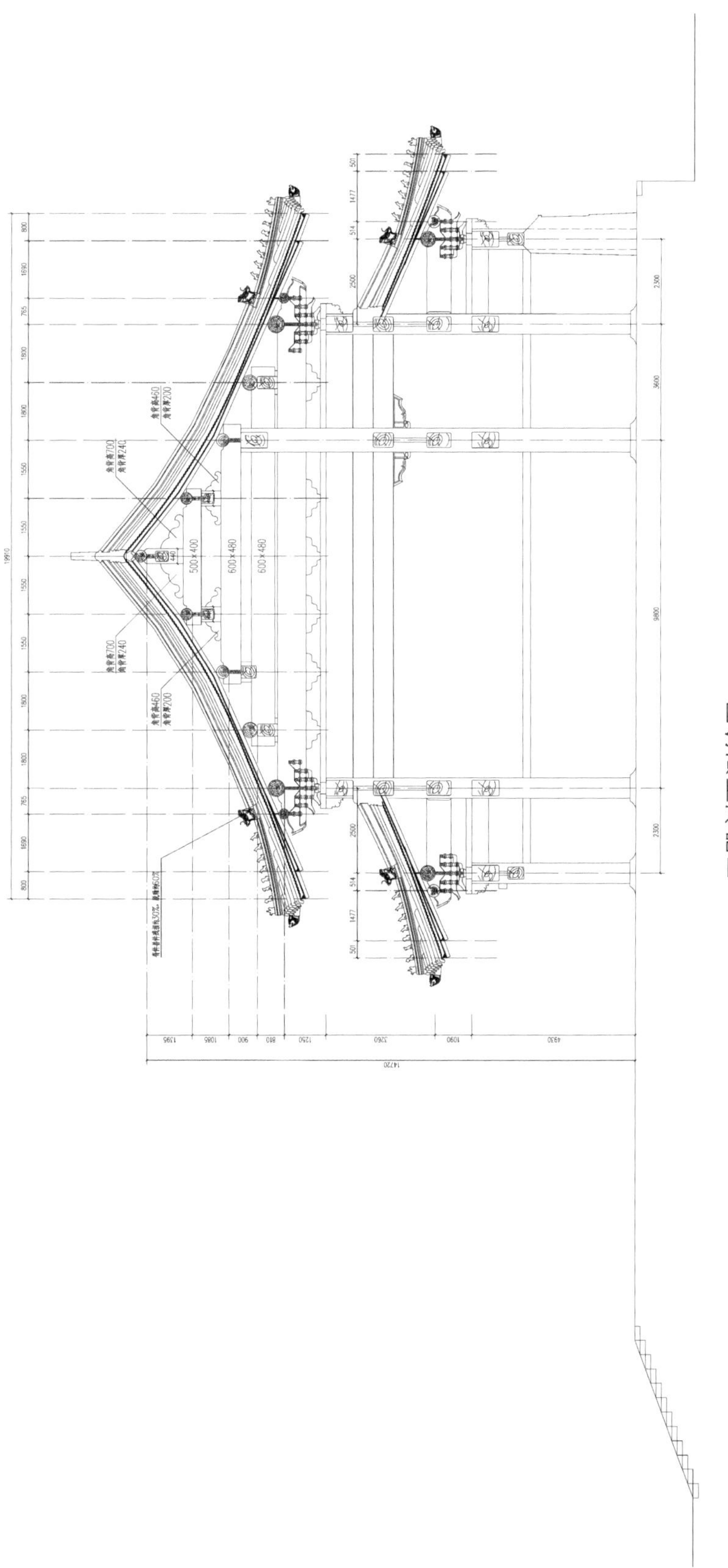

正殿剖面测绘图

2. 地基基础雷达探查

采用地质雷达对结构地基基础进行探查。雷达天线频率为 300 兆赫，雷达扫描路线示意图、结构详细测试结果如下：

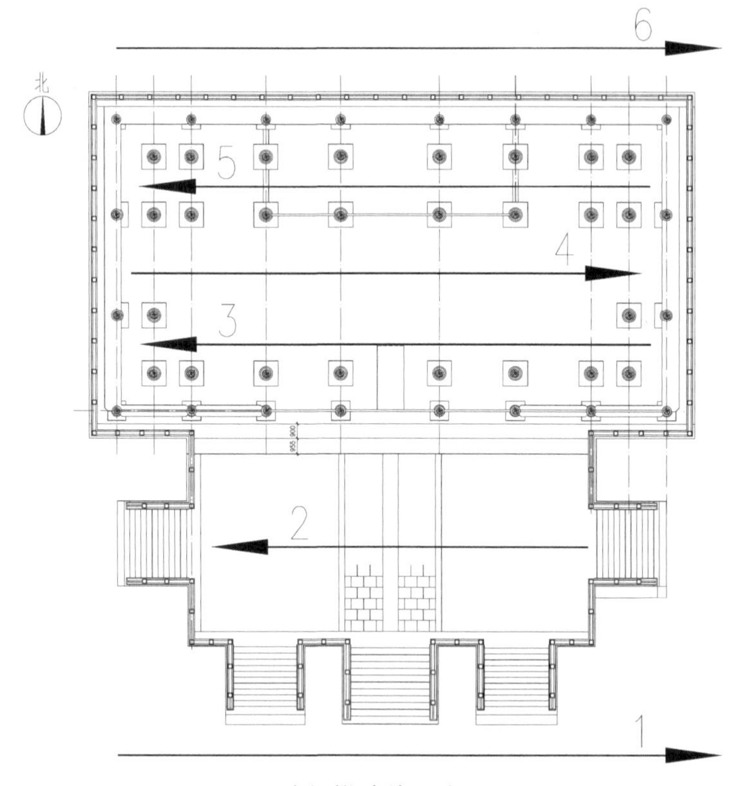

雷达扫描路线示意图

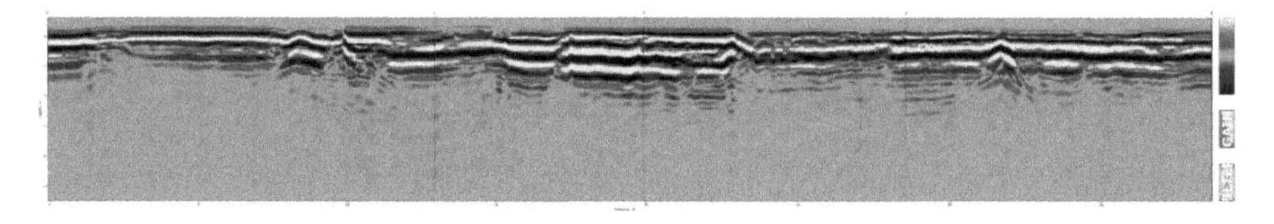

路线 1（正殿室外南侧地面）雷达测试图

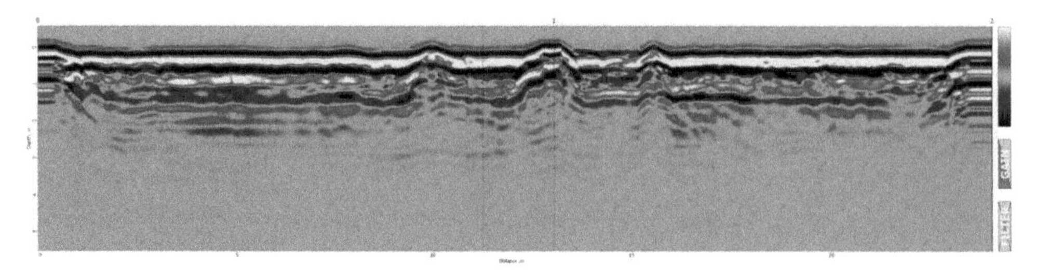

路线 2（正殿室外南侧月台地面）雷达测试图

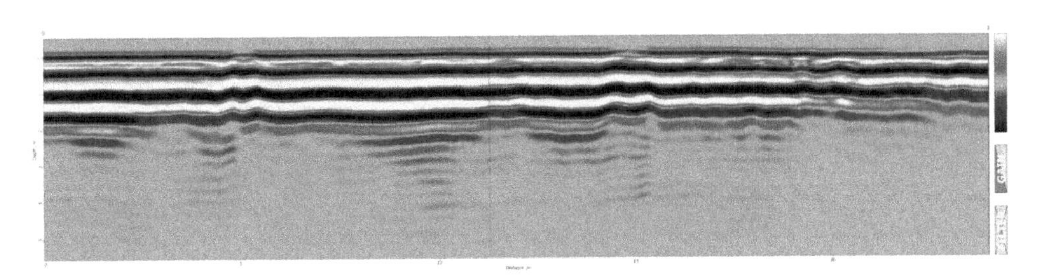

路线 3（正殿室内南部地面）雷达测试图

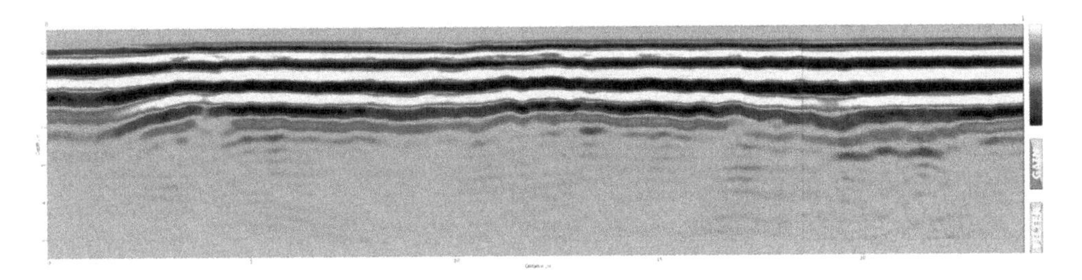

路线 4（正殿室内中部地面）雷达测试图

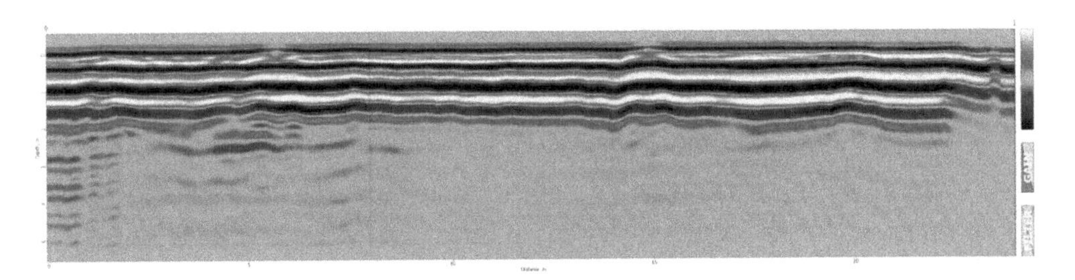

路线 5（正殿室内北部地面）雷达测试图

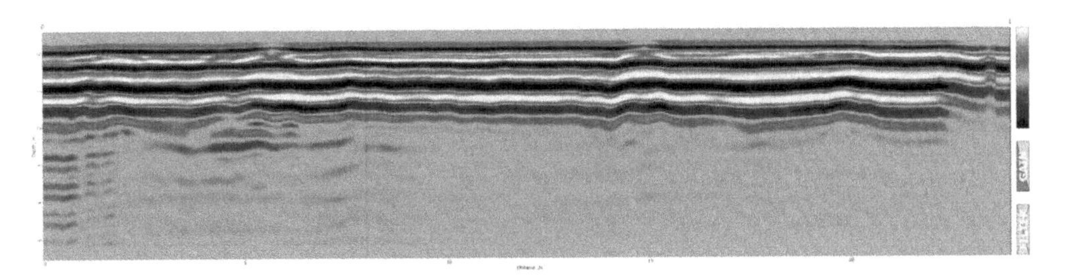

路线 6（正殿室外北侧地面）雷达测试图

由路线 1、2、6 雷达测试结果可见，室外地面雷达反射波基本类似，地面局部有管线，地面下方没有明显空洞等缺陷。

由路线 3～5 雷达测试结果可见，室内雷达发射波基本平直连续，地面比较密实，未发现明显异常，室内地面下方没有明显空洞等缺陷。

由于地面无法开挖与雷达图像进行比对，解释结果仅作为参考。

3. 木材材质状况勘察

3.1 木材含水率检测结果

经现场检测，各木柱含水率在 1.5%～4.9% 之间，未发现存在明显含水率异常的木柱，含水率详细检测结果如下：

正殿木构件含水率检测数据表

序号	柱号	距柱底 20 厘米	柱底
1	1–A	1.7	2.2
2	3–A	1.7	1.6
3	4–A	1.6	1.8
4	5–A	1.5	2.0
5	6–A	1.5	2.2
6	7–A	1.5	2.1
7	8–A	1.7	2.0
8	10–A	1.6	2.0
9	2–B	1.9	1.8
10	3–B	1.8	2.2
11	4–B	2.5	2.9
12	5–B	2.7	4.1
13	6–B	1.9	2.4
14	7–B	2.1	4.9
15	8–B	2.1	3.5
16	9–B	2.2	2.7
17	9–C	1.7	1.9
18	3–D	1.9	2.3
19	4–D	1.6	2.7
20	5–D	1.7	2.1
21	6–D	2.3	2.8
22	7–D	1.9	3.7
23	8–D	1.8	2.7
24	7–E	1.8	1.7
25	8–E	1.4	2.6
26	9–E	2.1	2.5

3.2 树种分析结果

报告中所涉及的相关树种鉴定结果，均是经专业人员切片、制片，再由有关专家通过光学显微镜观察，并查阅大量的相关资料得出。经分析，取样木材所用树种分别为印茄（*Intsia sp.*）和海桑（*Sonneratia sp.*）等，详细列表如下。

取样木材类型检测表

编号	名称	树种	拉丁名
1	6-D 轴柱	印茄	*Intsia sp.*
2	1-8-1/D 轴枋	海桑	*Sonneratia sp.*
3	7 轴九架梁	印茄	*Intsia sp.*
3	东柱	海桑	*Sonneratia sp.*

3.3 木材解剖特性、树木分布、加工利用及物理力学性质等参考数据

印茄（拉丁名：*Intsia sp.*）

木材解剖特征：

散孔材，生长轮略明显。导管横切面为卵圆形，稀圆形。单管孔及径列复管孔 2 个～4 个。管间纹孔式互列，系附物纹孔。穿孔板单一。轴向薄壁组织为翼状，少数聚翼状及轮界状，细胞内含少量树胶，分室含晶细胞数多，高达 20 个以上。木纤维壁薄或薄至厚。木射线局部呈规列排列。单列射线较少，高 1 个～7 个细胞；多列射线宽 2 个～3 个细胞，高 4 个～21 个（多数 10 个～15 个）细胞。射线组织同形单列及多列。射线—导管间纹孔式类似管间纹孔式。胞间道缺如。

树木及分布：

以帕利印茄为例：大乔木，树高达 45 米，直径达 1.5 米或以上，分布在菲律宾、泰国、缅甸南部、马来西亚、印度尼西亚、巴布亚新几内亚、斐济等地。

木材加工、工艺性质：

木材具光泽，纹理交错，结构中，均匀；木材重或中至重，硬，干缩小，干缩率从生材到气干径向 0.9%～3.1%，弦向 1.6%～4.1%；强度高至甚高。干燥慢，干燥性能良好。木材耐腐，能抗白蚁危害。但在潮湿条件下，易受菌害，防腐处理很难，锯、刨加工困难；车旋性能良好。

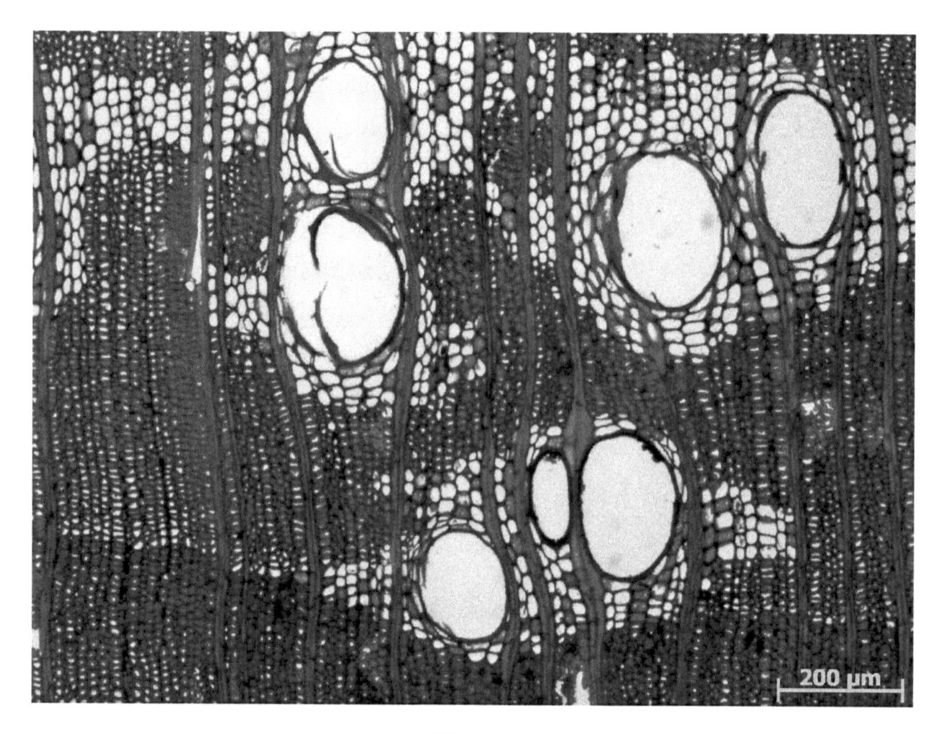

横切面

径切面

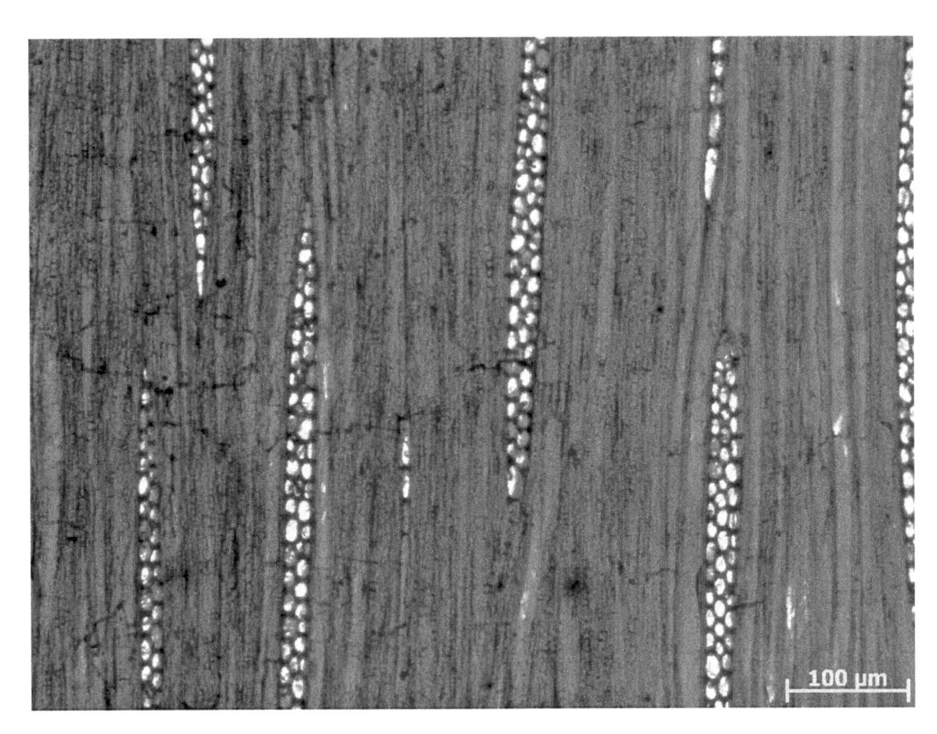

弦切面

木材利用：

木材多用于桥梁、矿柱、枕木、造船、车辆、高级家具、细木工、拼花地板、室内装修。乐器、雕刻、工农具等。

物理力学性质（参考地—马来西亚）：

中文名称	密度（克/立方厘米）		干缩系数（%）			抗弯强度（兆帕）	抗弯弹性模量（吉帕）	顺纹抗压强度（兆帕）	冲击韧性（千焦/平方米）	硬度（兆帕）		
	基本	气干	径向	弦向	体积					端面	径面	弦面
帕利印茄	–	0.800	–	–	–	116.000	15.400	58.200	–	–	–	–

海桑（拉丁名：*Sonneratia sp.*）

木材解剖特征：

木材散孔。心材灰红褐到巧克力褐色；与边材区别常不明显。边材色浅，灰褐色。生长轮不明显。管孔肉眼下略见；略少至略多；大小中等。轴向薄壁组织未见。木射线放大镜下略见；略密至密；甚窄。波痕及胞间道缺如。

树木及分布：

以杯萼海桑为例，乔木，高 15 米～24 米，直径 0.5 米～1 米；分布在从东非经东南亚大陆，太平洋北部向东到新喀里多尼亚等地。

木材加工、工艺性质：

木材光泽弱；无特殊气味和滋味；纹理直或略交错；结构细而匀；木材密度中至大；干缩甚小；强度中等。木材干燥几无翘曲和开裂；天然耐久性中等。加工性能良好，加工面光滑。

木材利用：

木材供建筑如梁、柱、地板、室内装修、家具、细木工、矿柱、枕木、运动器材、造船、纸浆、枪托，为优良薪炭材。

物理力学性质（参考地—马来西亚）：

中文名称	密度（克 / 立方厘米）		干缩系数（%）			抗弯强度（兆帕）	抗弯弹性模量（吉帕）	顺纹抗压强度（兆帕）	冲击韧性（千焦 / 平方米）	硬度（兆帕）		
	基本	气干	径向	弦向	体积					端面	径面	弦面
杯萼海桑	–	0.670	–	–	–	–	–	–	–	–	–	–

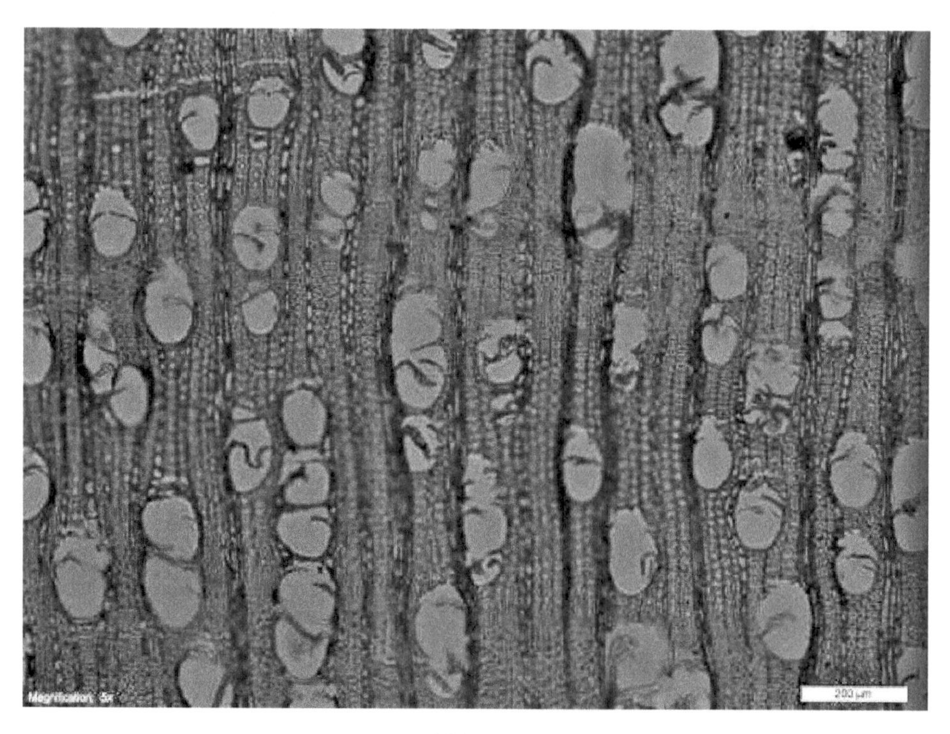

横切面

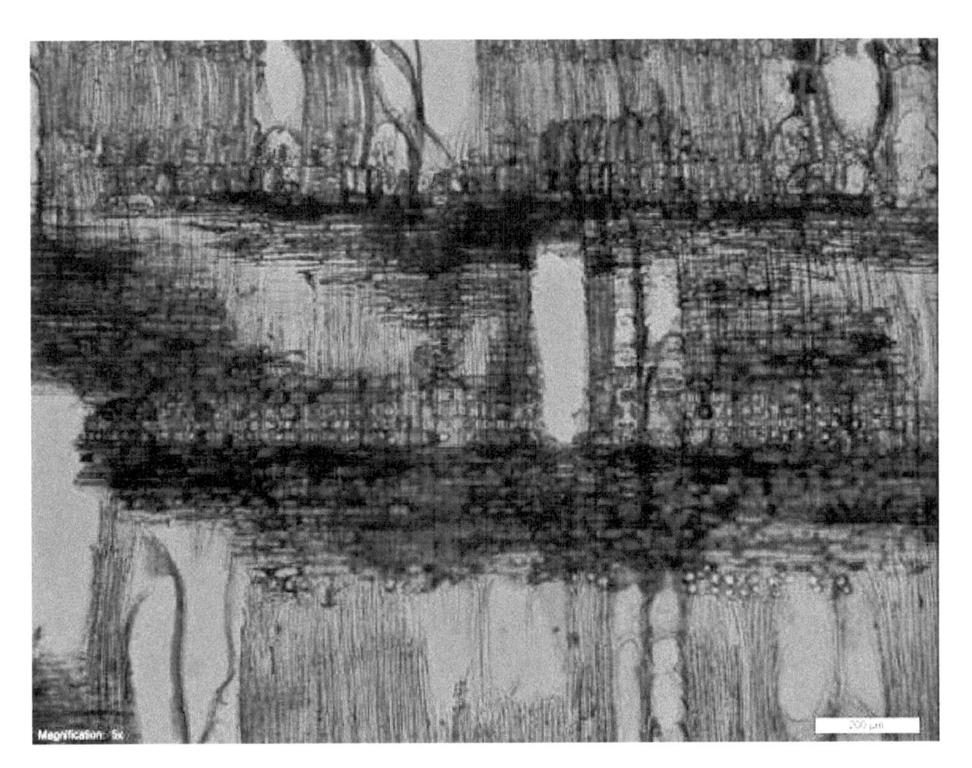

径切面

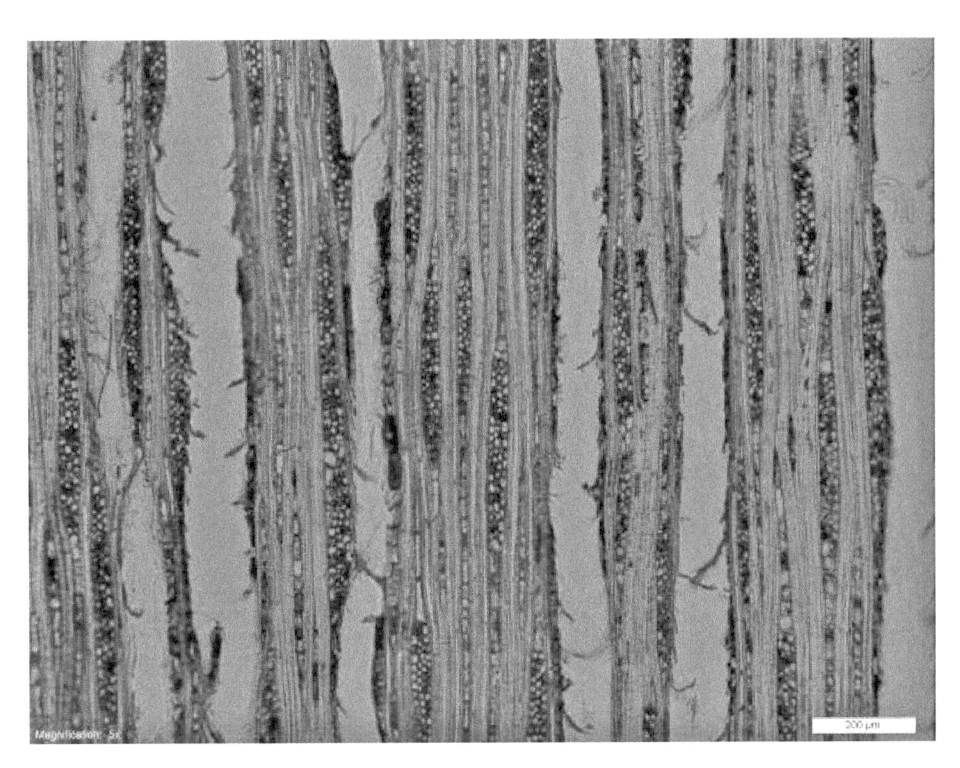

弦切面

4. 结构外观质量检查

4.1 地基基础

（1）经现场检查，正殿台基基本完好，部分阶条石存在风化剥落的现象；部分阶条石为新换，未见明显损坏；上部结构未见因地基不均匀沉降而导致的明显裂缝和变形，建筑的地基基础承载状况基本良好。台基现状照片如下：

正殿南侧台基

正殿西侧台基

正殿东侧台基

（2）经现场检查，护栏普遍存在风化侵蚀现象，局部存在严重风化剥落，现状照片如下：

正殿东南侧望柱严重风化

正殿西侧望柱严重风化

4.2 围护系统

经现场检查，墙体基本完好，没有明显的开裂和鼓闪变形，现状照片如下：

正殿东立面墙体

正殿西立面墙体

正殿北立面墙体

4.3 屋面结构

屋面存在的残损现象如下：

正殿南侧屋面上檐

正殿南侧屋面下檐

正殿北侧屋面上檐

正殿北侧屋面下檐

（1）经现场检查，屋面西南角及西北角角梁下沉，上部瓦面凸起开裂。

正殿西南角屋面角梁

正殿西北角角梁

（2）经现场检查，屋顶瓦面普遍脱釉，多处瓦面开裂松动、灰缝脱落。

正殿南侧屋面瓦面

正殿北侧屋面瓦面

（3）经现场检查，南侧屋面局部杂草丛生。

正殿南侧屋面

4.4 木构架

木构架概况

（1）经现场检查，房屋主要梁架（如三架梁、五架梁、七架梁）采用叠梁的形式，由多块木材上下叠合而成。

正殿五架梁及七架梁外观

正殿九架梁及随梁外观

（2）经现场检查，房屋主要梁架均采取了一定的加固措施，主要梁架（如三架梁、五架梁、七架梁）均用铁箍进行了加固，各檩下枋也均用铁箍进行了加固，各瓜柱也均用铁箍进行了加固。

正殿梁架加固措施

正殿檩下枋加固措施

正殿瓜柱加固措施

（3）经现场检查，少量加固铁箍的铆钉存在脱落现象。

正殿铆钉脱落

木构架缺陷

经现场检查，木构架存在的主要残损情况有：

（1）D 轴瓜柱与两侧梁架之间普遍存在拔榫，最大拔榫长度 55 毫米。

（2）2 处九架梁与其随梁之间存在明显扭转。

（3）西南角及西北角角梁尾部明显开裂，最大开裂宽度 120 毫米。

（4）个别檩下枋存在水平开裂。

（5）局部屋面存在渗漏迹象。

具体残损情况、各榀木梁架现状如下：

木构架残损情况表

序号	残损项目	残损部位	安全性等级
1	拔榫	8–D 轴瓜柱两侧拔榫，北侧 40 毫米，南侧 40 毫米	b_u 级
2	拔榫	7–D 轴瓜柱两侧拔榫，北侧 30 毫米，南侧 40 毫米	b_u 级
3	拔榫	6–D 轴瓜柱两侧拔榫，北侧 50 毫米，南侧 55 毫米	b_u 级
4	拔榫	5–D 轴瓜柱两侧拔榫，北侧 40 毫米，南侧 40 毫米	b_u 级
5	拔榫	4–D 轴瓜柱两侧拔榫，北侧 50 毫米，南侧 40 毫米	b_u 级
6	拔榫	3–D 轴瓜柱两侧拔榫，北侧 30 毫米，南侧 30 毫米	b_u 级
7	梁扭转	6–B–D 轴九架梁与其随梁之间存在明显扭转	c_u 级
8	梁扭转	5–B–D 轴九架梁与随梁之间存在明显扭转	c_u 级
9	开裂	西南角角梁尾部开裂 40 毫米，已采取加固措施	c_u 级
10	开裂	西北角角梁尾部开裂 120 毫米，已采取加固措施	c_u 级
11	开裂	6–7 轴之间北侧上金檩下枋水平开裂 15 毫米，已采取加固措施	b_u 级
12	开裂	5–6 轴之间南侧下金檩下枋水平开裂 20 毫米，已采取加固措施	b_u 级
13	渗漏	8 轴梁西侧局部渗漏	b_u 级
14	渗漏	4 轴梁东南侧下金檩处局部渗漏	b_u 级
15	渗漏	4 轴梁东北侧中金檩处局部渗漏	b_u 级

正殿木构架残损（一）

正殿木构架残损（二）

正殿木构架残损（三）

正殿木构架残损（四）

正殿木构架残损（五）

正殿木构架残损（六）

正殿木构架残损（七）

正殿木构架残损（八）

正殿木构架残损（九）

正殿木构架残损（十）

正殿木构架残损（十一）

正殿木构架残损（十二）

正殿木构架残损（十三）

正殿木构架残损（十四）

正殿木构架残损（十五）

正殿 8 轴梁架（西侧）

正殿 7 轴梁架（东侧）

正殿 6 轴梁架（西侧）

正殿 5 轴梁架（东侧）

正殿 4 轴梁架（东侧）

正殿 3 轴梁架（东侧）

4.5 木柱局部倾斜

依据北京市地方标准《古建筑结构安全性鉴定技术规范 第1部分：木结构》DB11/T1190.1—2015附录D进行判定，规范中规定最大相对位移△≤H/100（测量高度H为2000毫米时，H/100为20毫米）且△≤80毫米。

根据测量结果，除A轴4根檐柱倾斜值不符合规范限值要求外，其余木柱倾斜值满足符合规范限值要求。

古建常规做法中，金柱和檐柱一般设置侧脚，会向中间偏移，目前A轴偏移趋势基本正常，虽然超出了规范的限值，但鉴于目前未发生明显损坏现象，且处于稳定的状态中，可暂不采取措施。

现场测量部分木柱的倾斜程度，测量结果如下：

木柱倾斜检测表

序号	柱号	南北向倾斜方向及数值（毫米）	东西向倾斜方向及数值（毫米）	规范限值（毫米）	结论
1	3–A	向北 18	/	20	符合
2	4–A	向北 41	/	20	不符合
3	5–A	向北 24	/	20	不符合
4	6–A	向北 21	/	20	不符合
5	7–A	向北 15	/	20	符合
6	8–A	向北 30	/	20	不符合
7	2–B	/	向西 17	20	符合
8	3–B	向北 2	向西 11	20	符合
9	4–B	向南 6	向西 7	20	符合
10	5–B	向北 9	向西 4	20	符合
11	6–B	/	向东 3	20	符合
12	7–B	向南 5	向东 5	20	符合
13	8–B	向北 11	向东 4	20	符合
14	9–B	向北 10	向东 5	20	符合
15	9–C	向北 2	向东 9	20	符合
16	4–D	/	向西 8	20	符合
17	7–D	/	向西 2	20	符合
18	8–D	0	0	20	符合
19	8–E	向北 6	\	20	符合
20	9–E	向北 2	向西 1	20	符合

4.6 台基相对高差测量

现场对南侧檐柱柱础石上表面的相对高差进行了测量，高差分布情况测量结果如下：

柱础石高差检测表

轴线	1–A	2–A	3–A	4–A	5–A	6–A	7–A	8–A
柱础石相对高差	–16 毫米	–14 毫米	–1 毫米	–2 毫米	–7 毫米	–3 毫米	0	–4 毫米

测量结果表明，各柱础石顶部存在一定的相对高差，檐柱西侧相对位置更低一点，柱础之间的最大相对高差为 16 毫米；由于结构初期可能存在施工偏差，各部分高差不完全是地基的沉降差，鉴于目前未发现结构存在因地基不均匀沉降而导致的明显损坏现象，可暂不进行处理，但应注意观察。

5. 结构安全性鉴定

5.1 评定方法和原则

根据 DB11/T1190.1—2015，古建筑安全性鉴定分为构件、子单元、鉴定单元 3 个项目。首先根据构件各项目检查结果，判定单个构件安全性等级，然后根据子单元各项目检查结果及各种构件的安全性等级，判定子单元安全性等级，最后根据各子单元的安全性等级，判定鉴定单元安全性等级。

本次鉴定将委托鉴定的区域列为 1 个鉴定单元，每个鉴定单元分为地基基础、上部承重结构及围护系统 3 个子单元，分别对其安全性进行评定。

5.2 子单元安全性鉴定评级

地基基础

经检查，未发现地基基础存在影响上部结构安全的不均匀沉降裂缝和明显变形，因此，本鉴定单元地基基础的安全性评为 A_u 级。

上部承重结构

（1）构件的安全性鉴定

木构件的安全性等级判定，应按承载能力、构造、不适于继续承载的位移（或变形）、裂缝、腐朽、虫蛀、天然缺陷、历次加固现状等检查项目，分别判定每一受检构件的等级，并取其中最低一级作为该构件的安全性等级。

1）木柱安全性评定

柱构件均未发现存在明显变形、裂缝及腐朽等缺陷，均评为 a_u 级。

经统计评定，柱构件的安全性等级为 A_u 级。

2）木梁架中构件安全性评定

2 根檩下枋构件存在明显开裂，评为 b_u 级；2 根梁存在明显扭转，评为 c_u 级；2 根角梁构件存在严重开裂，鉴于已采取加固措施，评为 c_u 级；其他木构件未发现存在明显变形、裂缝及腐朽等缺陷，均评为 a_u 级。

经统计评定，梁构件的安全性等级为 B_u 级。

（2）结构整体性安全性评定

1）整体倾斜安全性评定

经测量，结构未发现存在明显整体倾斜，评为 A_u 级。

2）局部倾斜安全性评定

经测量，4 根柱存在大于 H/100 的相对位移，但倾斜趋势符合古建筑建造规律，局部倾斜综合评为 B_u 级。

3）构件间的联系安全性评定

纵向连枋及其连系构件的连接未出现明显松动，构架间的联系综合评为 A_u 级。

4）梁柱间的联系安全性评定

梁架中 D 轴榫卯节点普遍存在拔榫现象，但拔榫长度均未超过规范限值，梁柱间的联系综合评定为 B_u 级。

5）榫卯完好程度安全性评定

榫卯材质基本完好，榫卯完好程度综合评定为 A_u 级。

综合评定该单元上部承重结构整体性的安全性等级为 B_u 级。

综上，上部承重结构的安全性等级评定为 B_u 级。

围护系统安全性评定

围护系统主要包括自承重墙体、屋面等构件。

墙体未发现明显开裂现象，该项目评定为 A_u 级。

屋面存在明显破损现象，室内 3 处存在渗漏痕迹，该项目评定为 B_u 级。

综合评定该单元围护系统的安全性等级为 B_u 级。

5.3 鉴定单元的鉴定评级

综合上述，根据DB11/T1190.1—2015《古建筑结构安全性鉴定技术规范 第1部分：木结构》，鉴定单元的安全性等级评为 B_{su} 级，安全性略低于本标准对 A_{su} 级的要求，尚不显著影响整体承载。

6. 处理建议

（1）建议修复台基及护栏表面存在的风化剥落等自然坏损；鉴于护栏局部风化严重，建议采取相应的化学保护措施。

（2）建议清除屋顶杂草和碎瓦；将残缺和开裂瓦件进行修补替换、勾抿；对屋内存在渗漏迹象的部位进行检查修复处理；对西南角及西北角翼角部位屋面进行修复处理。

（3）建议对瓜柱拔榫节点部位采取铁件拉结措施；对存在扭转损坏的木梁进行加固处理；对明显开裂的角梁进行加固处理；对梁枋的干缩裂缝进行修复处理。

第六章　关岳庙后寝殿结构安全检测鉴定

1. 建筑概况

1.1 建筑简况

后寝殿为单檐歇山建筑，面阔五间，面积约 460 平方米。

1.2 现状立面照片

后寝殿南立面

后寝殿北立面

后寝殿西立面

后寝殿东立面

1.3 建筑测绘图纸

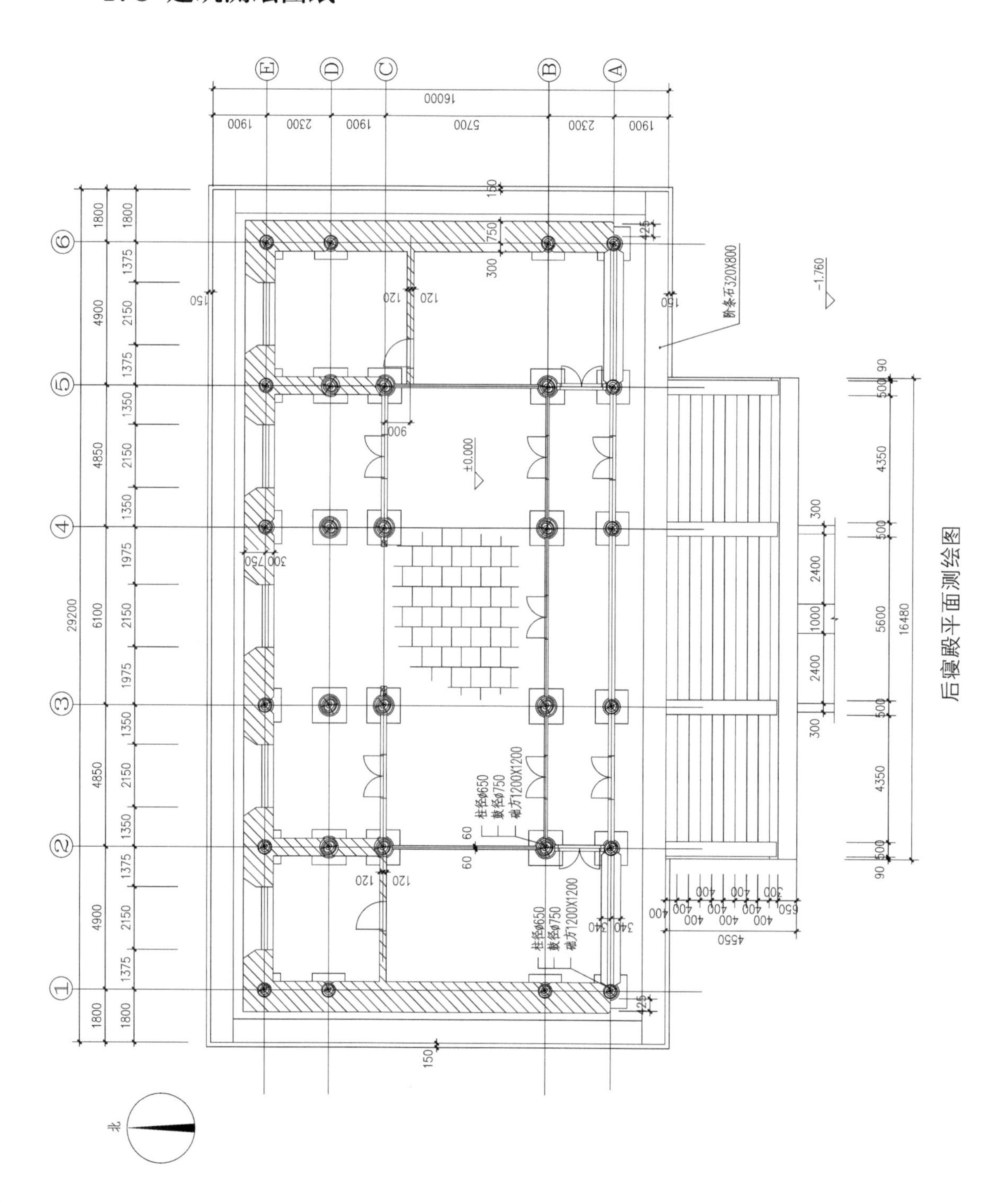

后寝殿平面测绘图

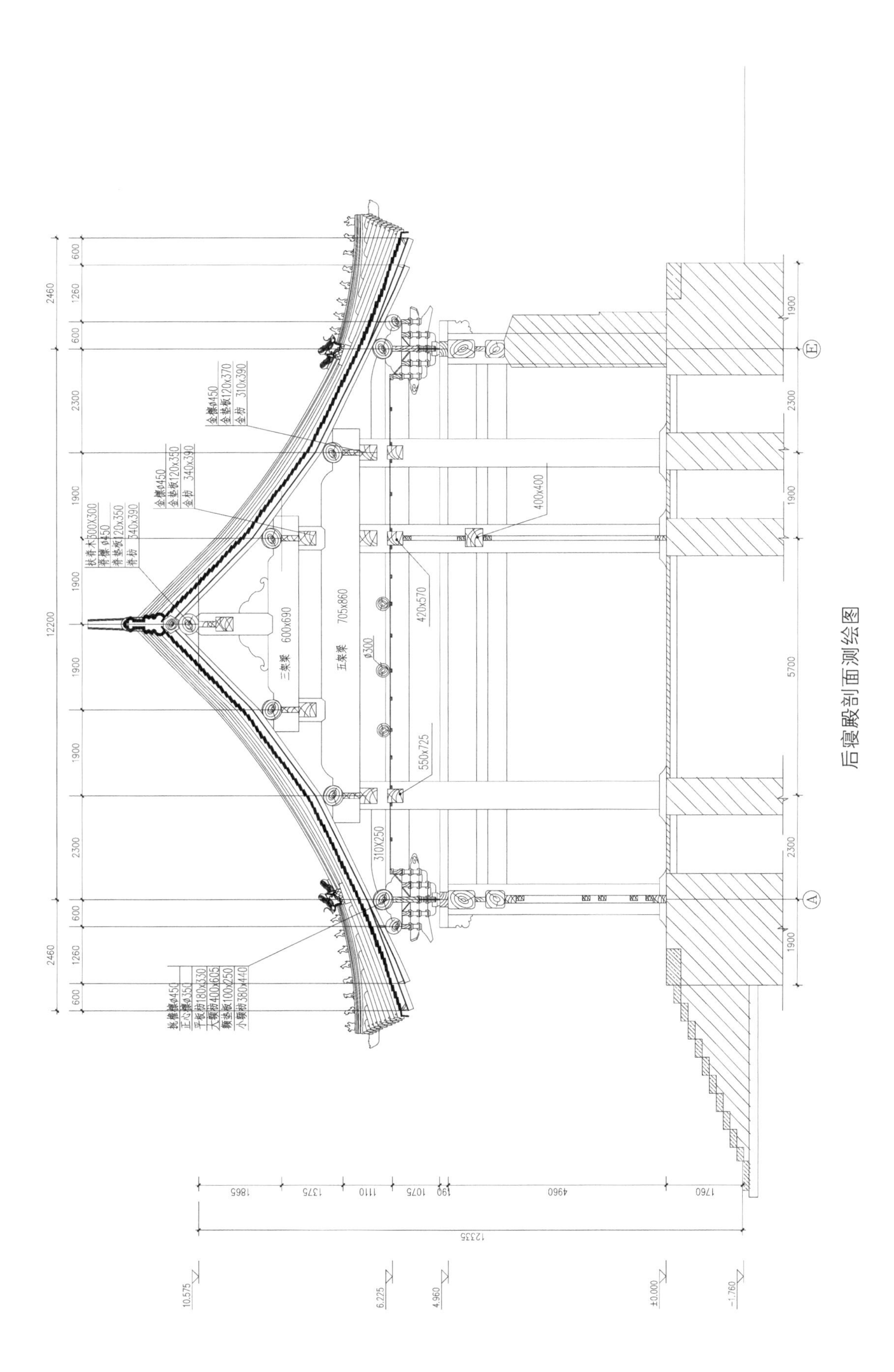
三架梁
600x690
五架梁
705x860
12200
12335
5700
2300
1900
2460
±0.000
-1.760
4.960
6.225
10.575

后寝殿剖面测绘图

2. 地基基础雷达探查

采用地质雷达对结构地基基础进行探查。雷达天线频率为 300 兆赫，雷达扫描路线示意图、结构详细测试结果如下：

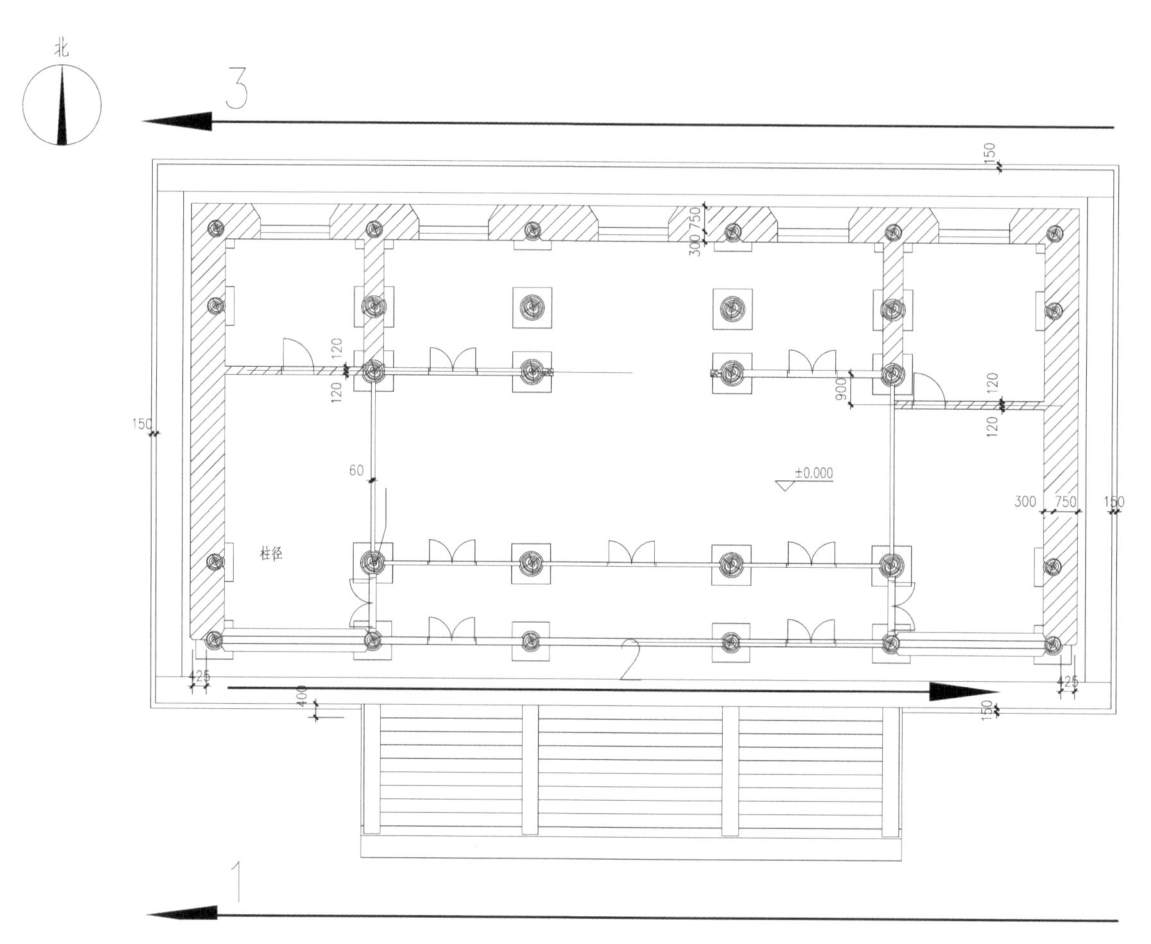

雷达扫描路线示意图

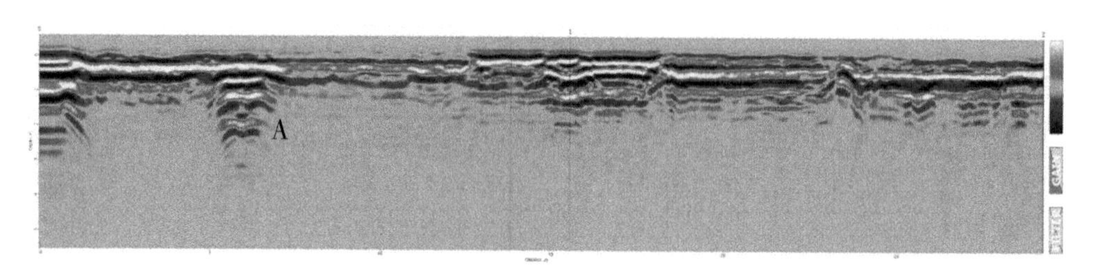

路线 1（后寝殿南侧室外地面）雷达测试图

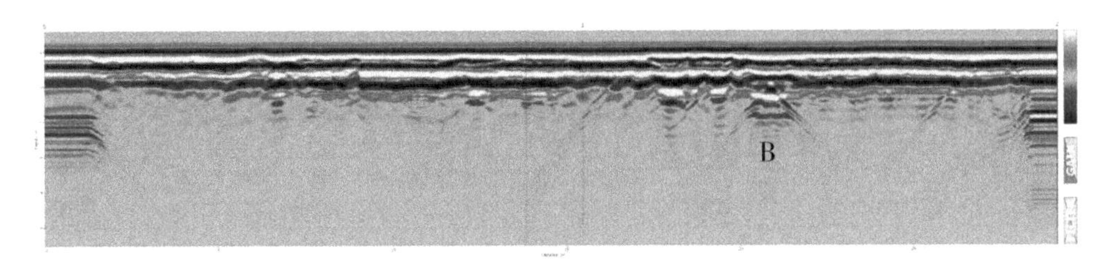

路线 2（后寝殿北侧室外地面）雷达测试图

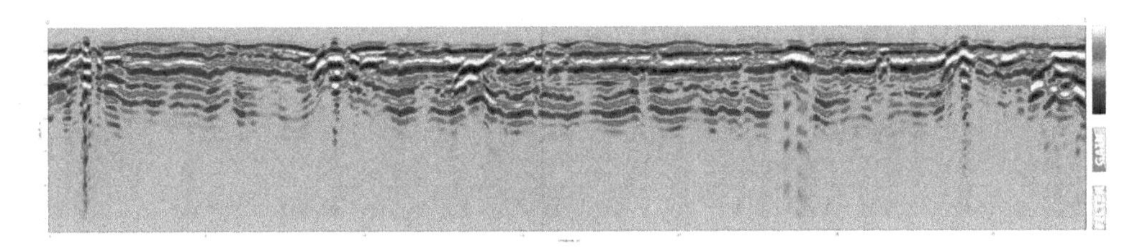

路线 3（后寝殿南侧台基）雷达测试图

由雷达测试结果可见，南北两侧的室外地面构造上明显区别，北侧雷达反射波相对平直连续，地面材质相对更均匀；室外局部存在异常，如南侧 A 点，地表可能存在金属物体等，北侧 B 点地面下方可能存在空洞或管道等。

由图雷达测试结果可见，台基上部分雷达反射波相对比较杂乱，材质不够均匀，地面下方没有明显空洞等缺陷。

由于地面无法开挖与雷达图像进行比对，解释结果仅作为参考。

3. 木材材质状况勘察

3.1 木材含水率检测结果

经现场检测，各木柱含水率在 0.6%～2.3% 之间，未发现存在明显含水率异常的木柱，含水率详细检测结果如下：

后寝殿木构件含水率检测数据表

序号	柱号	距柱底 20 厘米	柱底
1	1-A	1.5	1.8
2	2-A	1.5	1.7
3	3-A	1.6	2.1

续表

序号	柱号	距柱底 20 厘米	柱底
4	4–A	1.6	2.2
5	5–A	1.5	1.9
6	6–A	1.4	1.8
7	2–B	1.7	1.5
8	3–B	2.0	1.6
9	4–B	2.3	1.9
10	5–B	1.6	2.0
11	3–C	0.7	1.2
12	4–C	1.2	1.7
13	3–D	0.6	0.8
14	4–D	0.8	1.2

3.2 树种分析结果

报告中所涉及的相关树种鉴定结果，均是经专业人员切片、制片，再由有关专家通过光学显微镜观察，并查阅大量的相关资料得出。经分析，取样木材所用树种分别为印茄（*Intsia sp.*）、龙脑香（*Dipterocarpus sp.*）等，详细列表如下。

取样木材类型检测表

编号	位置	树种	拉丁名
1	5–C 轴柱	印茄	*Intsia sp.*
2	3–4–A 轴檐檩	龙脑香	*Dipterocarpus sp.*
3	5 轴五架梁	龙脑香	*Dipterocarpus sp.*

3.3 木材解剖特性、树木分布、加工利用及物理力学性质等参考数据

印茄（拉丁名：*Intsia sp.*）

木材解剖特征：

散孔材，生长轮略明显。导管横切面为卵圆形，稀圆形。单管孔及径列复管孔 2 个～4 个。管间纹孔式互列，系附物纹孔。穿孔板单一。轴向薄壁组织为翼状，少数聚翼状及轮界状，细胞内含少量树胶，分室含晶细胞数多，高达 20 个以上。木纤维壁

薄或薄至厚。木射线局部呈规列排列。单列射线较少，高 1 个～7 个细胞；多列射线宽 2 个～3 个细胞，高 4 个～21 个（多数 10 个～15 个）细胞。射线组织同形单列及多列。射线—导管间纹孔式类似管间纹孔式。胞间道缺如。

树木及分布：

以帕利印茄为例：大乔木，树高达 45 米，直径达 1.5 米或以上，分布在菲律宾、泰国、缅甸南部、马来西亚、印度尼西亚、巴布亚新几内亚、斐济等地。

木材加工、工艺性质：

木材具光泽，纹理交错，结构中，均匀；木材重或中至重，硬，干缩小，干缩率从生材到气干径向 0.9%～3.1%，弦向 1.6%～4.1%；强度高至甚高。干燥慢，干燥性能良好。木材耐腐，能抗白蚁危害。但在潮湿条件下，易受菌害，防腐处理很难，锯、刨加工困难；车旋性能良好。

木材利用：

木材多用于桥梁、矿柱、枕木、造船、车辆、高级家具、细木工、拼花地板、室内装修。乐器、雕刻、工农具等。

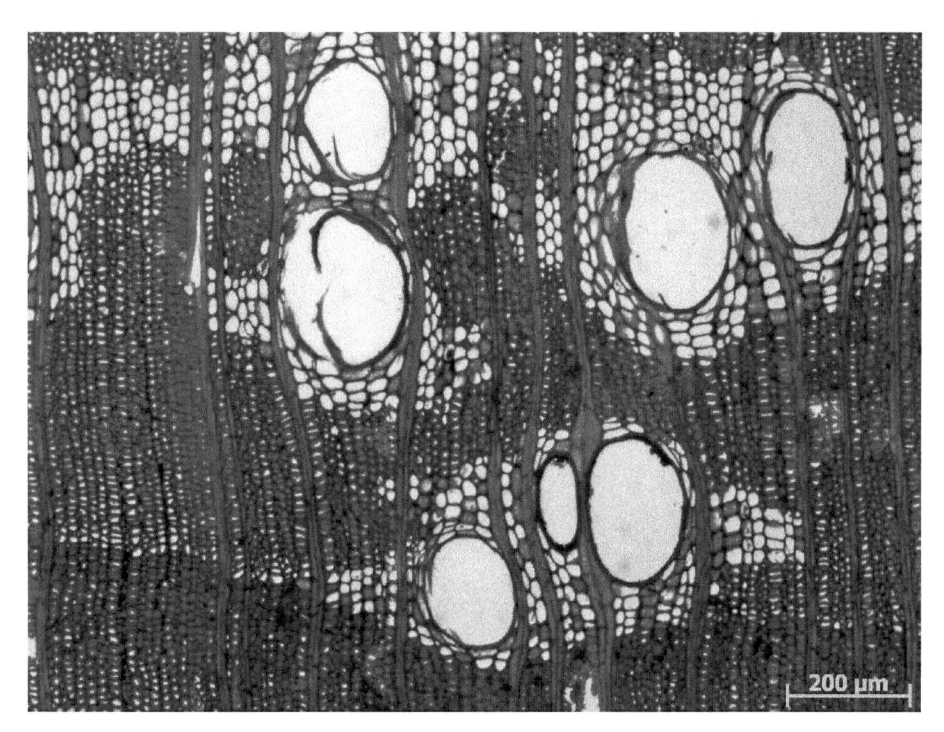

横切面

径切面

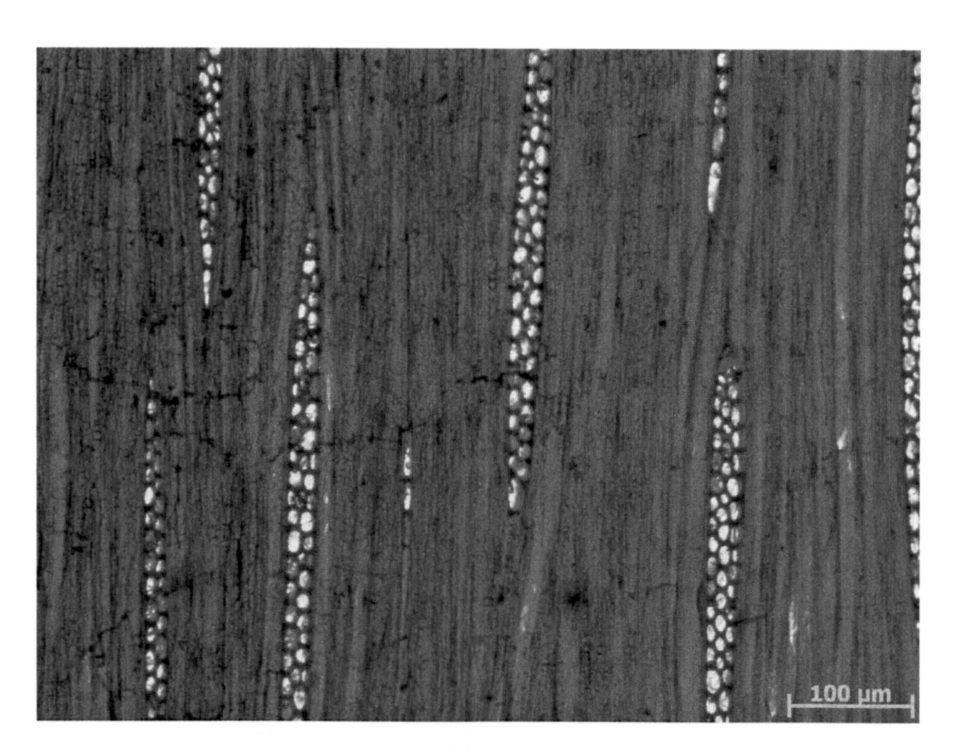

弦切面

物理力学性质（参考地—马来西亚）：

中文名称	密度（克/立方厘米）		干缩系数（%）			抗弯强度（兆帕）	抗弯弹性模量（吉帕）	顺纹抗压强度（兆帕）	冲击韧性（千焦/平方米）	硬度（兆帕）		
	基本	气干	径向	弦向	体积					端面	径面	弦面
帕利印茄	–	0.800	–	–	–	116.000	15.400	58.200	–	–	–	–

龙脑香（拉丁名：*Dipterocarpus sp.*）

木材解剖特征：

生长轮不明显，散孔材。导管横切面为圆形及卵圆形，单管孔，偶见短径列复管孔，最大弦径 266 微米；导管与环管管胞间纹孔式互列，系附物纹孔。穿孔板单一。轴向薄壁组织稀疏至丰富，疏环管状，少数环管束状，星散及星散—聚合状，弦列于射线之间，围绕于胞间道四周，弦向伸展呈翼状或相连成带状。木纤维壁厚至甚厚。木射线单列者数少，高 1 个～9 个细胞或以上，多列射线宽 2 个～5 个细胞，稀 6 个细胞，高 5 个～50 个（多数 10 个～35 个）细胞。射线组织异形Ⅱ型。射线细胞常含树胶，菱形晶体偶见。射线与导管间纹孔式为大圆形，少数刻痕状。胞间道正常轴向者比管孔小，埋于薄壁细胞中，单独分布，少数 2 个～7 个个弦列。

树木及分布：

大乔木，高达 35 米，胸径 1.4 米。分布在马来亚、印度、缅甸、泰国、苏门答腊、婆罗洲、菲律宾等地。

木材加工、工艺性质：

木材含大量树胶（胞间道），干燥时水分运行受阻碍，容易产生翘曲、开裂、甚至劈裂；因此干燥速度宜缓慢。耐腐性不详，估计心材稍耐腐，边材则既不耐腐，又易遭虫蛀，并易感染蓝变菌。锯解和旋切单板时都因木材内有树胶而产生麻烦，容易胶粘刀锯；锯解或旋切时向锯条或刀片上喷热水与火油，可能会克服其困难。油漆后光亮性良好；但胶粘性能并不好，胶合板容易产生鼓泡脱胶现象；握钉力中等。

木材利用：

木材胀缩大，在使用前必须进行适当干燥，切勿使用生材。通常用于房屋建筑方面，做房架、搁栅、柱子、墙板、天花板、地板等；交通、采掘方面，做船壳板、龙筋、龙骨、桅干、车厢板和车梁，防腐处理后作枕木、电杆、桥梁、木桩和码头修建、坑木等；工业制造方面多用作胶合板和家具，亦用作重型机械包装；农村方面做农具、燃材等。

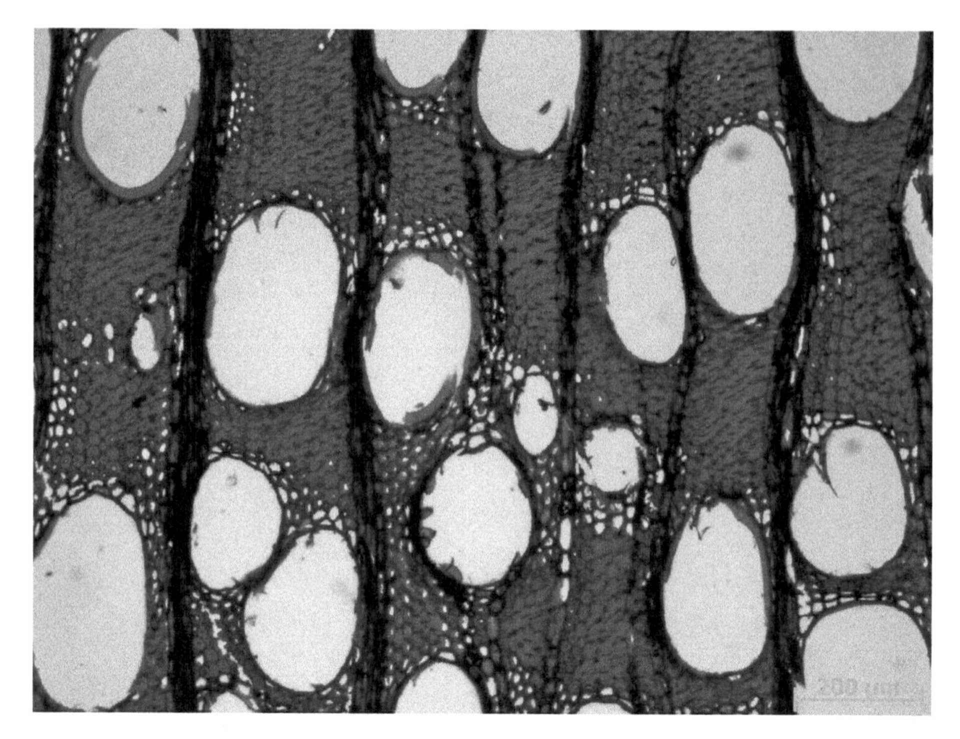

横切面

径切面

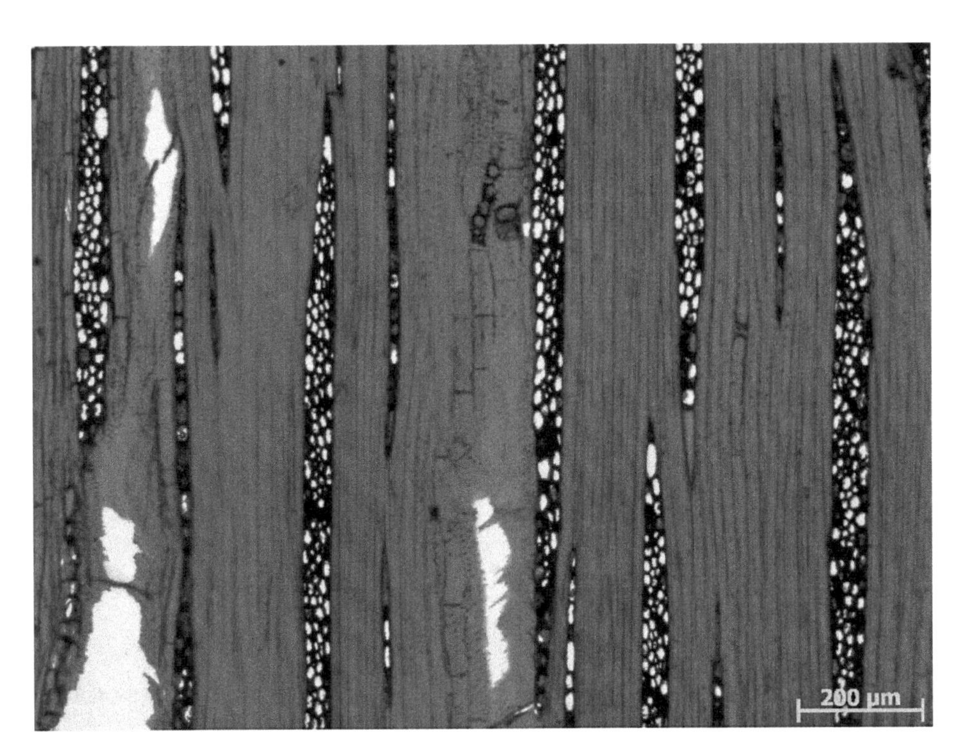

弦切面

物理力学性质（参考地—云南屏边）：

中文名称	密度（克/立方厘米）		干缩系数（%）			抗弯强度（兆帕）	抗弯弹性模量（吉帕）	顺纹抗压强度（兆帕）	冲击韧性（千焦/平方米）	硬度（兆帕）		
	基本	气干	径向	弦向	体积					端面	径面	弦面
云南龙脑香	–	0.800	–	–	–	98.000	17.600	51.800	–	–	–	–

4. 结构外观质量检查

4.1 地基基础

经现场检查，后寝殿台基基本完好，部分阶条石为新换，未见明显损坏，其余阶条石存在风化剥落的现象；北侧台基抹灰层存在脱落现象。上部结构未见因地基不均匀沉降而导致的明显裂缝和变形，建筑的地基基础承载状况基本良好，台基现状照片如下：

后寝殿南侧台基

后寝殿北侧台基

4.2 围护系统

经现场检查，墙体基本完好，没有明显的开裂和鼓闪变形，现状照片如下：

后寝殿西立面墙体

后寝殿东立面墙体

4.3 屋面结构

经现场检查，屋顶瓦面普遍脱釉，瓦件多处松动破碎脱落，局部生有杂草，屋檐现状照片如下：

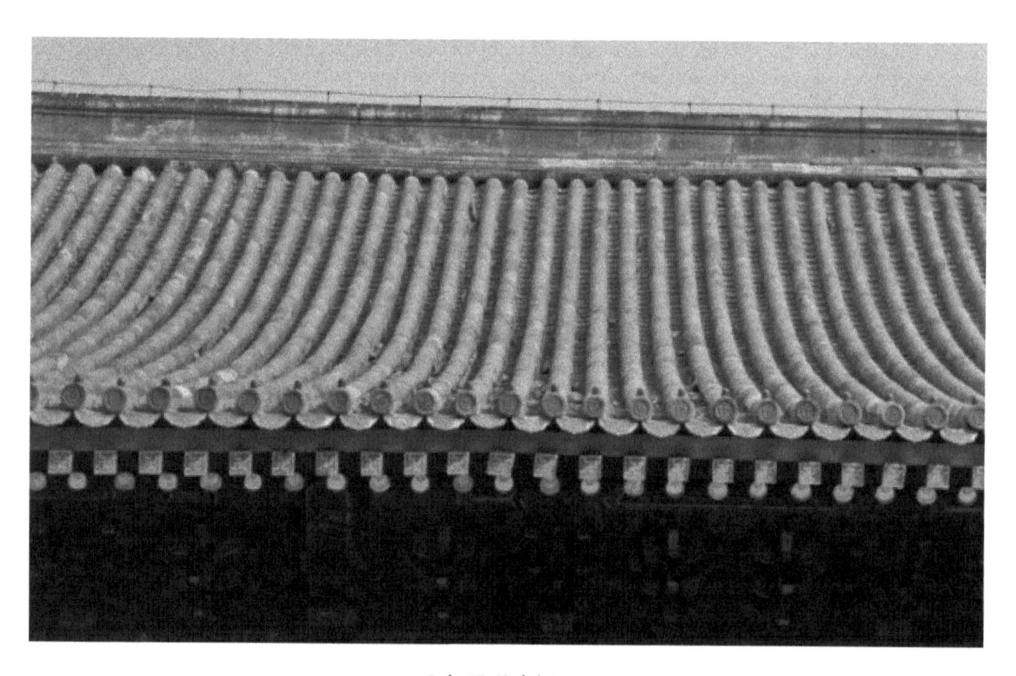

后寝殿北侧屋面

后寝殿南侧屋面

后寝殿南侧屋面瓦面松动脱落

后寝殿北侧屋面杂草

4.4 木构架

木构架概况

（1）经现场检查，房屋主要梁架（如三架梁、五架梁等）采用叠梁的形式，由多块木材上下叠合而成。

（2）经现场检查，房屋各梁架均采取了一定的加固措施，主要梁架（如三架梁、五架梁等）均用铁箍进行了加固，各檩下枋也均用铁箍进行了加固，各瓜柱也均用铁箍进行了加固。

（3）经现场检查，少量加固铁箍存在变形，及铆钉脱落现象。

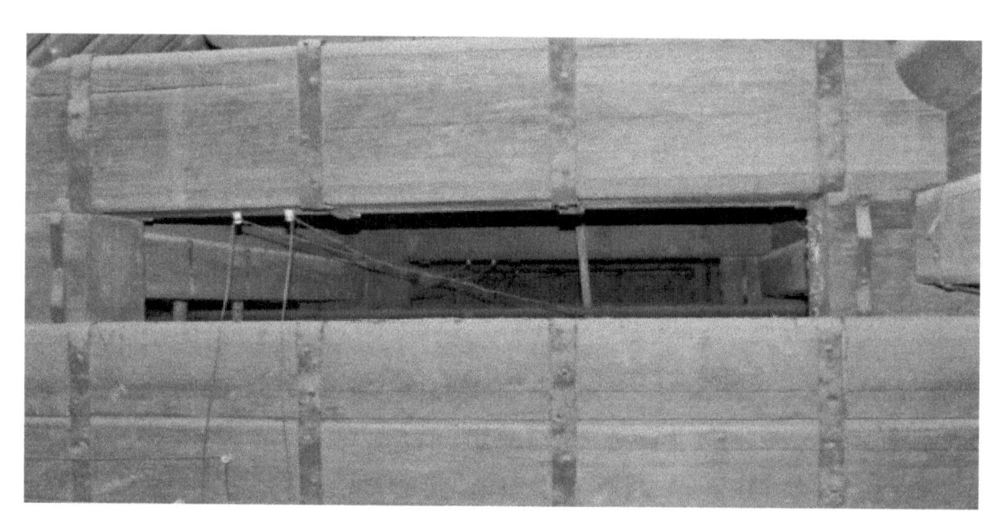

后寝殿三架梁及五架梁外观

后寝殿瓜柱及檩下枋加固措施

后寝殿铁箍变形

木构架缺陷

经现场检查，木构架存在的主要残损情况有：

（1）C 轴瓜柱与两侧梁架之间存在拔榫，最大拔榫长度 35 毫米。

（2）东南角角梁尾部轻微开裂。

（3）个别梁檩构件存在水平开裂。

具体残损情况、各榀木梁架现状如下：

木构架残损情况表

序号	残损项目	残损部位	安全性等级
1	开裂	五架梁开裂 25 毫米，已箍	b_u 级
2	开裂	3-4 轴之间南侧下金檩开裂 25 毫米	b_u 级
3	开裂	3-4 轴之间南侧上金檩开裂 20 毫米	b_u 级
4	拔榫	2-C 轴两侧拔榫，北 25 毫米，南 10 毫米	b_u 级
5	拔榫	3-C 轴两侧拔榫，北 35 毫米，南 5 毫米	b_u 级
6	开裂	东南角角梁轻微开裂 5 毫米	b_u 级

后寝殿木构架残损（一）

后寝殿木构架残损（二）

后寝殿木构架残损（三）

后寝殿木构架残损（四）

后寝殿木构架残损（五）

后寝殿木构架残损（六）

后寝殿 1/5 轴梁架

后寝殿 5 轴梁架

后寝殿 4 轴梁架

后寝殿 3 轴梁架

后寝殿 2 轴梁架

后寝殿 1/1 轴梁架

4.5 木柱局部倾斜

依据北京市地方标准《古建筑结构安全性鉴定技术规范 第1部分：木结构》DB11/T 1190.1—2015附录D进行判定，规范中规定最大相对位移△≤H/100（测量高度H为2000毫米时，H/100为20毫米）且△≤80毫米。

根据测量结果，除A轴1根檐柱倾斜值不符合规范限值要求外，其余木柱倾斜值满足符合规范限值要求。

古建常规做法中，金柱和檐柱一般设置侧脚，会向中间偏移，目前偏移趋势基本正常，虽然超出了规范的限值，但鉴于目前未发生明显损坏现象，且处于稳定的状态中，可暂不采取措施。

现场测量部分木柱的倾斜程度，测量结果如下：

木柱倾斜检测表

序号	柱号	南北向倾斜方向及数值（毫米）	东西向倾斜方向及数值（毫米）	规范限值（毫米）	结论
1	2-A	向南1	/	20	符合
2	3-A	向北22	向西6	20	不符合
3	4-A	向北20	向西7	20	符合
4	5-A	向北20		20	符合
5	2-B	向南9	向东7		符合
6	3-B	/	向西2		符合
7	4-B	/	向东4		符合
8	3-D	向北4	/	20	符合
9	4-D	向南1	/	20	符合

4.6 台基相对高差测量

现场对南侧檐柱柱础石上表面的相对高差进行了测量，高差分布情况测量结果如下：

柱础石高差检测表

轴线	1-A	2-A	3-A	4-A	5-A	6-A
柱础石相对高差	-40毫米	-2毫米	-5毫米	-6毫米	0毫米	-8毫米

测量结果表明，各柱础石顶部存在一定的相对高差，檐柱西侧相对位置更低一点，柱础之间的最大相对高差为40毫米；由于结构初期可能存在施工偏差，各部分高差不完全是地基的沉降差，鉴于目前未发现结构存在因地基不均匀沉降而导致的明显损坏现象，可暂不进行处理，但应注意观察。

5. 结构安全性鉴定

5.1 评定方法和原则

根据DB11/T1190.1—2015，古建筑安全性鉴定分为构件、子单元、鉴定单元3个项目。首先根据构件各项目检查结果，判定单个构件安全性等级，然后根据子单元各项目检查结果及各种构件的安全性等级，判定子单元安全性等级，最后根据各子单元的安全性等级，判定鉴定单元安全性等级。

本次鉴定将委托鉴定的区域列为1个鉴定单元，每个鉴定单元分为地基基础、上部承重结构及围护系统3个子单元，分别对其安全性进行评定。

5.2 子单元安全性鉴定评级

地基基础

经检查，未发现地基基础存在影响上部结构安全的不均匀沉降裂缝和明显变形，因此，本鉴定单元地基基础的安全性评为A_u级。

上部承重结构

（1）构件的安全性鉴定

木构件的安全性等级判定，应按承载能力、构造、不适于继续承载的位移（或变形）、裂缝、腐朽、虫蛀、天然缺陷、历次加固现状等检查项目，分别判定每一受检构件的等级，并取其中最低一级作为该构件的安全性等级。

1）木柱安全性评定

柱构件均未发现存在明显变形、裂缝及腐朽等缺陷，均评为a_u级。

经统计评定，柱构件的安全性等级为A_u级。

2）木梁架中构件安全性评定

4根梁檩构件存在开裂，评为b_u级；其他木构件未发现存在明显变形、裂缝及腐朽等缺陷，均评为 a_u 级。

经统计评定，梁构件的安全性等级为 B_u 级。

（2）结构整体性安全性评定

1）整体倾斜安全性评定

经测量，结构未发现存在明显整体倾斜，评为 A_u 级。

2）局部倾斜安全性评定

经测量，1 根柱存在大于 H/100 的相对位移，但倾斜趋势符合古建筑建造规律，局部倾斜综合评为 B_u 级。

3）构件间的联系安全性评定

纵向连枋及其连系构件的连接未出现明显松动，构架间的联系综合评为 A_u 级。

4）梁柱间的联系安全性评定

梁架中 C 轴榫卯节点存在拔榫现象，但拔榫长度均未超过规范限值，梁柱间的联系综合评定为 B_u 级。

5）榫卯完好程度安全性评定

榫卯材质基本完好，榫卯完好程度综合评定为 A_u 级。

综合评定该单元上部承重结构整体性的安全性等级为 B_u 级。

综上，上部承重结构的安全性等级评定为 B_u 级。

围护系统安全性评定

围护系统主要包括自承重墙体、屋面等构件。

墙体未发现明显开裂现象，该项目评定为 A_u 级。

屋面存在明显破损现象，该项目评定为 B_u 级。

综合评定该单元围护系统的安全性等级为 B_u 级。

5.3 鉴定单元的鉴定评级

综合上述，根据 DB11/T1190.1—2015《古建筑结构安全性鉴定技术规范 第 1 部分：木结构》，鉴定单元的安全性等级评为 B_{su} 级，安全性略低于本标准对 A_{su} 级的要求，尚不显著影响整体承载。

6. 处理建议

（1）建议修复台基表面存在的风化剥落等自然坏损。

（2）建议清除屋顶碎瓦和杂草；将残缺和开裂瓦件进行修补替换、勾抿。

（3）建议对梁架中拔榫节点部位采取铁件拉结措施；对梁檩的干缩裂缝进行修复处理。

第七章　关岳庙材料分析

1. 琉璃瓦勘查实验

通过对关岳庙各处屋面进行勘察，选取了最具代表的外檐黄琉璃瓦进行取样分析，样品照片如下图：

黄琉璃瓦（一）

黄琉璃瓦（二）

由图可见，外檐琉璃瓦主要为黄琉璃，琉璃瓦表面有较为严重的爆釉现象。为观察琉璃瓦表面形貌对该样品进行视频显微镜观察，其图片如下：

黄琉璃视频显微（×200）形貌图

黄琉璃爆釉部位视频显微（×200）形貌图

由微观形貌可见，完好的黄琉璃表面均能观察到明显的裂痕，爆釉面较为粗糙，凹凸不平。

色度值检测结果如下表：

黄琉璃瓦的色度测试一览表

部位	L	a	b
黄琉璃	43.6	+17.4	+27.2
	42.9	+17.7	+27.2
	43.4	+17.3	+27.6
色度平均值	43.3	+17.5	+27.3
爆釉部位	45.8	+5.8	+7.3
	43.7	+5.9	+9.0
	43.2	+6.0	+10.0
色度平均值	44.2	+5.9	+8.8

色差值测量结果是后期装修施工的依据，后期装修材料需依照色差平均值来进行配色，达到较为理想的色度才能进行下一步施工。

综合以上检测结果结合文献进行分析可得：琉璃瓦釉面的主要成分为二氧化硅，熔融状态可形成玻璃状光泽，为使其较为容易熔化，一般加入大量铅或铅的氧化物为助熔剂，为了使琉璃釉面呈现不同色泽，一般加入铜、铁等物质作为呈色剂。

2. 苫背材料勘查实验

为了解关岳庙屋面瓦石装修的工艺和用料情况，对关岳庙屋面不同部位进行了取样，对样品进行检测分析研究，主要采用数码相机、色差仪、手持式视频显微镜等方法及其相关软件、谱图库进勘测及数据解析，其成果可为关岳庙瓦面装修的原材料、原工艺信息的提取及原状修复原则的实施提供数据基础。

关岳庙屋面装修勘查部位与测试内容一览表

序号	内外檐	取样部位	描述	分析内容	测试方法
1	外檐	屋面	掺灰泥背	形貌、色差、成分	数码相机、视频显微镜、色度仪
2	外檐	屋面	月白灰背	形貌、色差、成分	数码相机、视频显微镜、色度仪
3	外檐	屋面	板瓦泥	形貌、色差、成分	数码相机、视频显微镜、色度仪
4	外檐	屋面	筒瓦泥	形貌、色差、成分	数码相机、视频显微镜、色度仪

实验结果：

（1）掺灰麻刀泥背

通过对关岳庙各处屋面进行勘察，选取了最具代表的外檐掺灰泥背进行取样分析，样品照片如下图：

掺灰泥背（一）

掺灰泥背（二）

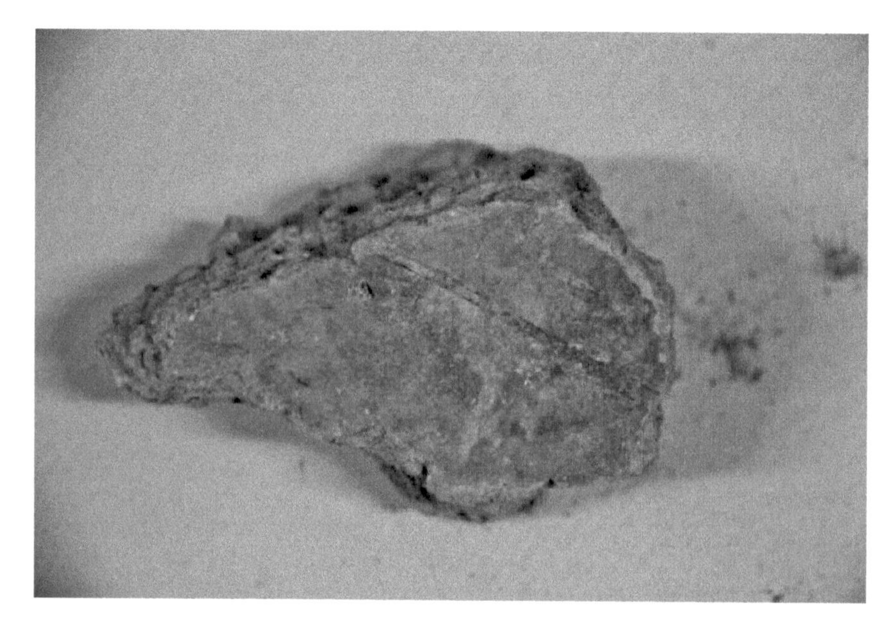

掺灰泥背（三）

由图可见，从宏观上观察，掺灰泥背外面表为灰泥材料混合，内部掺入了纤维材料。为观察掺灰泥背材料表面形貌对该样品进行视频显微镜观察，其图片如下：

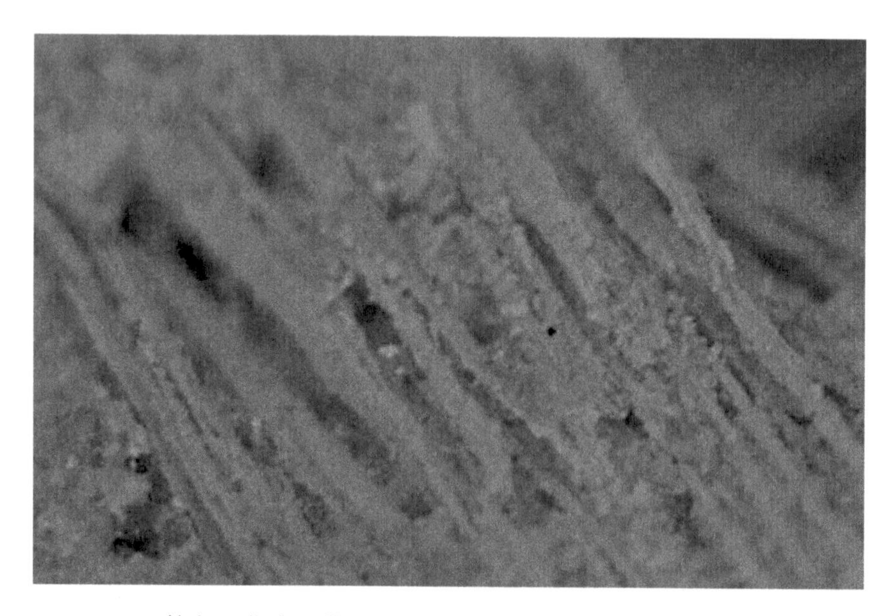

掺灰泥背内层微观结构视频显微（×200）形貌图

外层微观结构视频显微形貌（×200）

由显微照片可见，泥背内层纤维结构明显；外层灰泥混合较为均匀，颗粒细小尺寸较为均一。

色度值检测结果如下表：

掺灰泥背材料的色度测试一览表

部位	L	a	b
内层表面	57.1	+6.0	+14.9
	54.8	+5.5	+13.7
	54.9	+4.3	+16.9
色度平均值	55.6	+5.3	+15.2
外层表面	64.4	+3.9	+9.9
	63.3	+3.2	+8.8
	64.5	+2.8	+8.1
色度平均值	64.1	+3.3	+8.9

色度值测量结果是后期装修施工的依据，后期装修材料需依照色度平均值来进行配色，达到较为理想的色度才能进行下一步施工。

综合以上检测结果结合文献进行分析可得：掺灰泥背材料主要用少量白灰和较纯

净的黄土（灰：土 = 3 ： 7体积比）混合得到泥组分，再在泥中掺入麻刀（泥：滑秸 = 100 ： 5体积比）制得。

（2）月白灰背

通过勘察对比，选取了外檐一处最具代表的月白灰背进行取样分析，样品照片如下图：

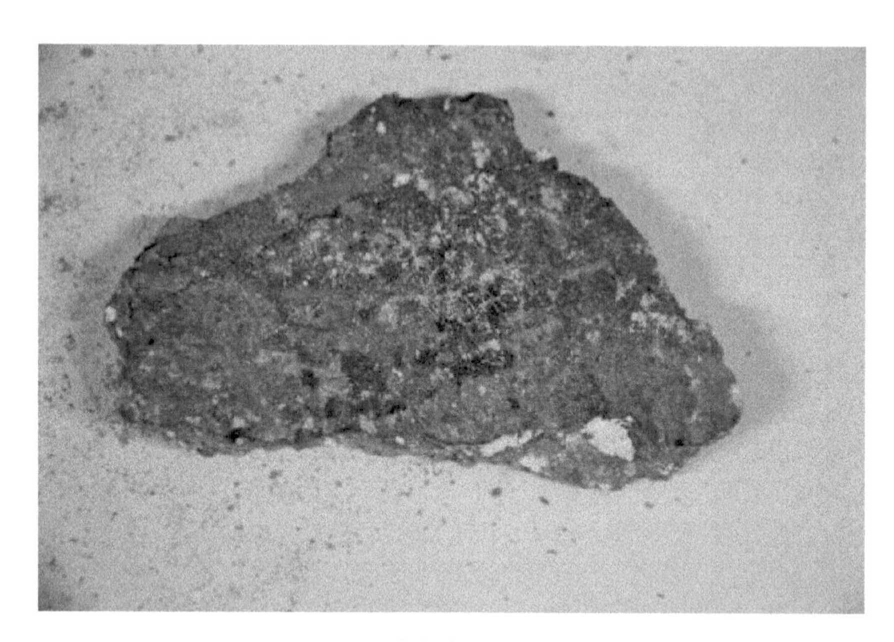

月白灰背（一）

月白灰背（二）

由图可见，从宏观上观察，月白灰背外表面青色材料为主，白色零星点缀，内部为明显的白色和青色的混合材料。

为观察月白灰背材料表面形貌对该样品进行视频显微镜观察，其图片如下：

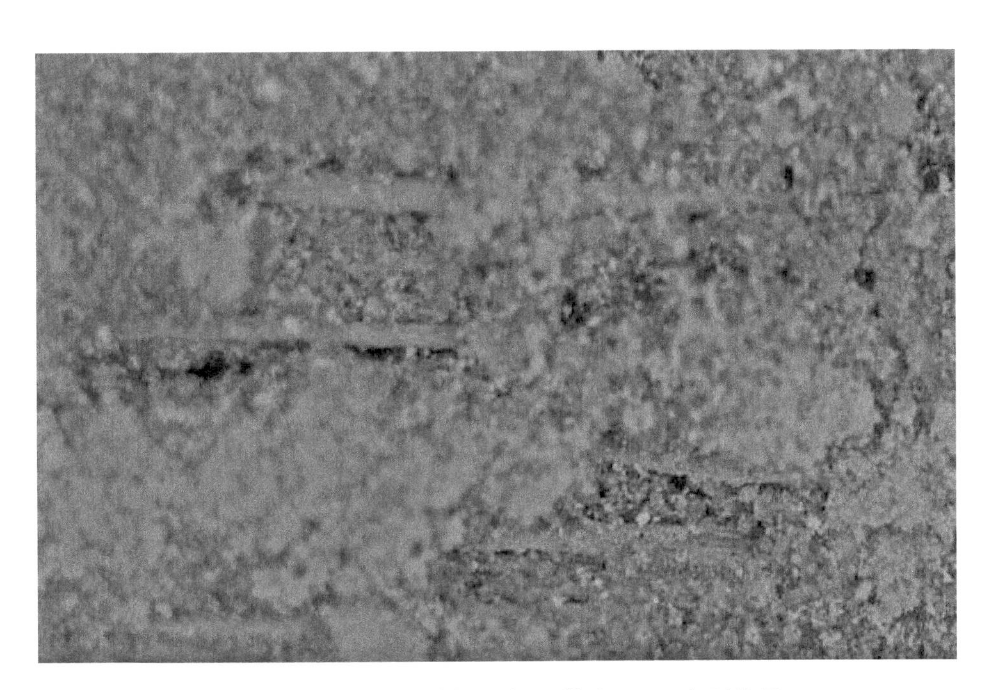

月白灰背内层微观结构视频显微（×200）形貌图

月白灰背外层微观结构视频显微（×200）形貌图

由显微照片可见，月白灰背内层青色颗粒与白色颗粒分散混合，之间分布有麻刀纤维；外层表现为比较致密的青灰材料。

色度值检测结果如下表：

月白灰背材料的色度测试一览表

部位	L	a	b
内层表面	50.5	+1.2	+4.0
	53.9	+1.1	+3.7
	55.1	+0.9	+3.8
色度平均值	53.2	+1.1	+3.8
外层表面	45.0	+0.1	-0.4
	49.0	+0.1	+0.1
	44.3	+0.1	-0.2
色度平均值	46.1	+0.1	-0.2

色度值测量结果是后期装修施工的依据，后期装修材料需依照色度平均值来进行配色，达到较为理想的色度才能进行下一步施工。

综合以上检测结果结合文献进行分析可得：月白灰背材料主要由白灰和青灰混合制成，其中掺入了一定量的麻刀；在月白灰背最表层有一层厚约 2 毫米的青浆，材料表面比较致密。

（3）瓦板瓦泥

通过对关岳庙各处屋面进行勘察，选取了最具代表的外檐瓦板瓦泥进行取样分析，样品照片如下图：

瓦板瓦泥（一）

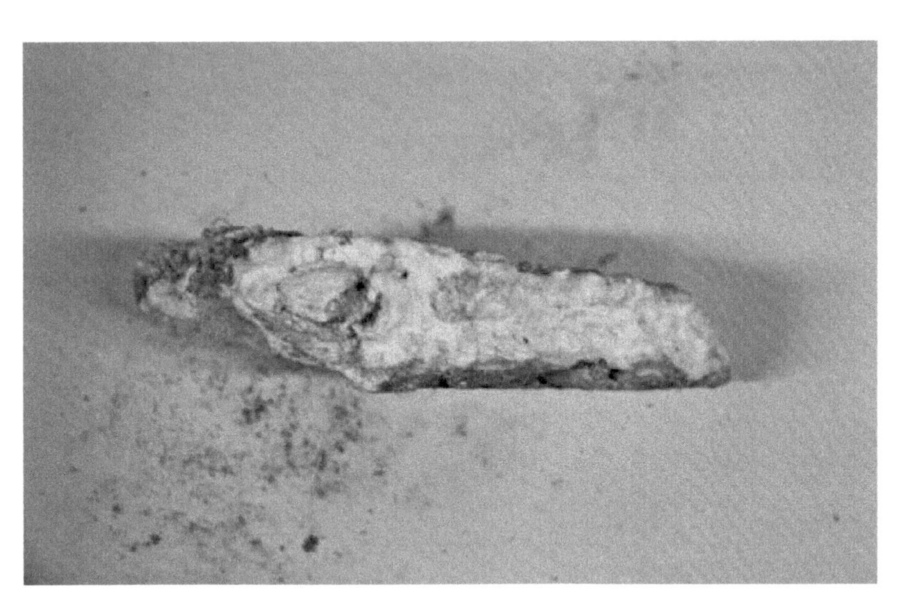

瓦板瓦泥（二）

由图可见，从宏观上观察，瓦板瓦泥外表面沉积了一定的浮土，内部主要为白色材料，并混合少量的纤维材料。

为观察瓦板瓦泥材料表面形貌对该样品进行视频显微镜观察，其图片如下：

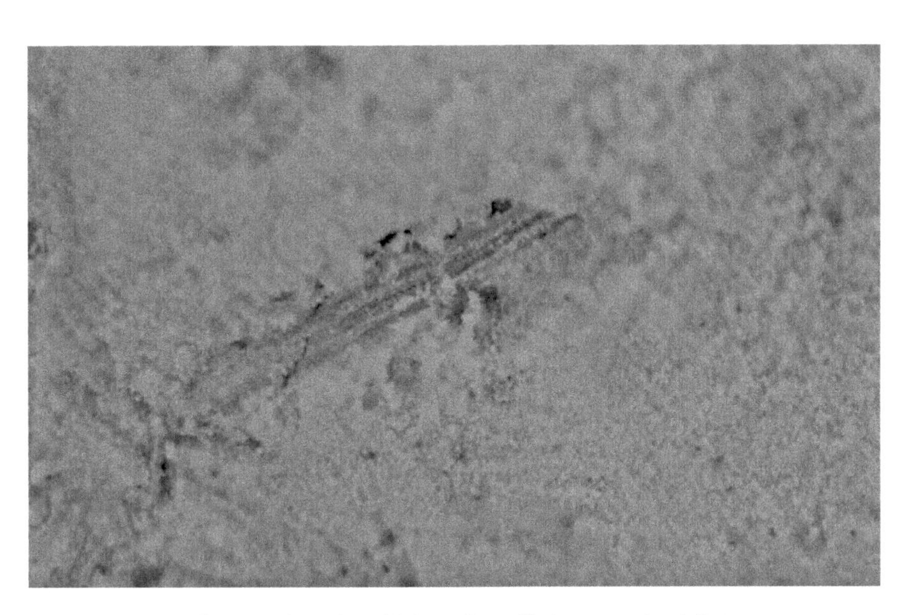

瓦板瓦泥内层微观结构视频显微（×200）形貌图

瓦板瓦泥外层微观结构视频显微（×200）形貌图

由显微照片可见，瓦板瓦泥内层主要表现为细小均匀的白色颗粒，并掺有麻刀纤维；外层表面不均匀，颗粒尺寸较大，形状不规则，颜色差异较大。

色度值检测结果如下表：

瓦板瓦泥材料的色度测试一览表

部位	L	a	b
内层表面	87.7	+2.9	+6.2
	89.2	+1.7	+4.7
	85.3	+1.9	+6.0
色度平均值	87.4	+2.2	+5.6
外层表面	59.1	+5.1	+11.9
	56.2	+4.7	+11.8
	57.4	+5.2	+11.3
色度平均值	57.6	+5.0	+11.7

色度值测量结果是后期装修施工的依据，后期装修材料需依照色度平均值来进行配色，达到较为理想的色度才能进行下一步施工。

综合以上检测结果结合文献进行分析可得：瓦板瓦泥材料的主要成分为白灰，掺入了少量的麻刀混合而成。

（4）瓦筒瓦泥

通过对关岳庙各处屋面进行勘察，选取了最具代表的外檐瓦筒瓦泥进行取样分析，样品照片如下图：

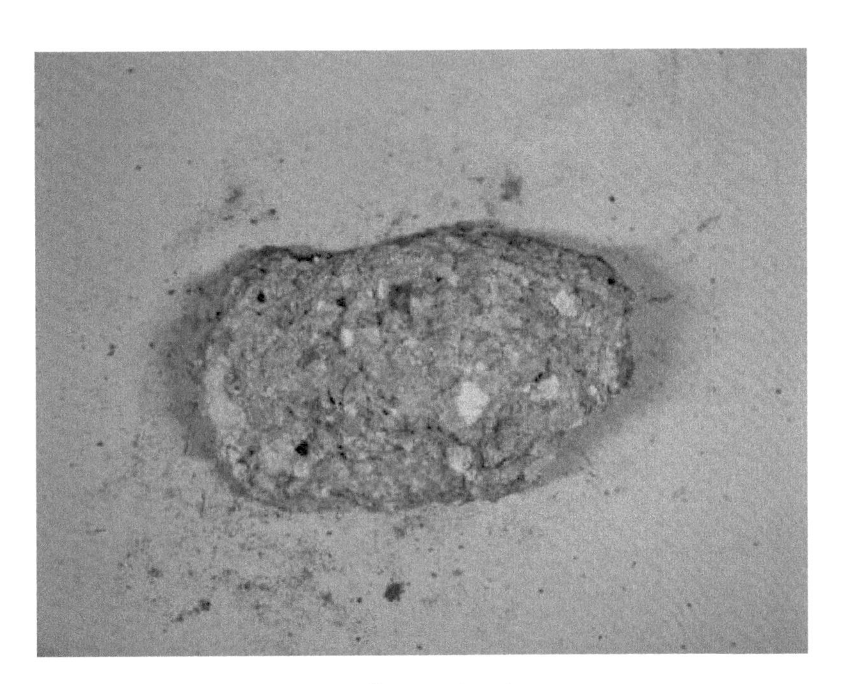

瓦筒瓦泥（一）

瓦筒瓦泥（二）

瓦筒瓦泥（三）

由图可见，从宏观上观察，瓦筒瓦泥上表面呈灰白色相间，通过触摸质地较硬，下表面颜色为黄白混合。

为观察瓦筒瓦泥材料表面形貌对该样品进行视频显微镜观察，其图片如下：

上表面微观结构视频显微形貌（×200）

下表面微观结构视频显微形貌（×200）

由显微照片可见，上表面材料遍布灰色及白色不规则颗粒，伴有尺寸较大的碎石砾，并分布有细微裂缝；下表面黄白相间不均匀，颗粒尺寸较大，形状不规则，颜色差异较大。

色度值检测结果如下表：

瓦筒瓦泥材料的色度测试一览表

部位	L	a	b
上表面	72.5	+2.9	+6.2
	75.5	+3.2	+8.2
	72.0	+3.0	+7.8
色度平均值	73.3	+3.0	+7.4
下表面	59.5	+4.8	+12.8
	55.1	+4.9	+11.3
	55.0	+4.8	+11.4
色度平均值	56.5	+4.8	+11.8

色度值测量结果是后期装修施工的依据，后期装修材料需依照色度平均值来进行

配色，达到较为理想的色度才能进行下一步施工。

综合以上检测结果结合文献进行分析可得：瓦筒瓦泥下表面材料主要为少量白灰和较纯净的黄土（灰：土 =3:7 体积比）混合的掺灰泥；上层材料主要为白灰混合一定量的水泥及碎石砾，颜色偏灰白，材料质地较硬。

后　记

从此检测项目开始，许立华所长、韩扬老师、关建光老师、黎冬青老师给与了大量的支持和建议，居敬泽、杜德杰、陈勇平、姜玲、胡睿、王丹艺、房瑞、刘通等同志，在开展勘察、测绘、摄影、资料搜集、检测、树种鉴定等方面做了大量工作。在此致以诚挚的感谢。

本书虽已付梓，但仍感有诸多不足之处。对于北京近代建筑文物本体及其预防性保护研究仍然需要长期细致认真的工作，我们将继续努力研究探索。至此再次感谢为本书出版给予帮助、支持的每一位领导、同事、朋友，感谢每一位读者，并期待大家的批评和建议。

张　涛

2020 年 8 月 11 日